遥感影像变化检测

张晓东　王文波　王　庆　陈关州　戴　凡　汪祥莉　著

WUHAN UNIVERSITY PRESS

武汉大学出版社

图书在版编目（CIP）数据

遥感影像变化检测/张晓东等著. —武汉：武汉大学出版社,2015. 10
ISBN 978-7-307-16402-4

Ⅰ.遥…　Ⅱ.张…　Ⅲ.遥感图象—图象分析—高等学校—教材
Ⅳ.TP751

中国版本图书馆 CIP 数据核字（2015）第 163831 号

责任编辑:王金龙　　　责任校对:汪欣怡　　　版式设计:马　佳

出版发行:**武汉大学出版社**　（430072　武昌　珞珈山）
（电子邮件:cbs22@ whu.edu.cn　网址:www.wdp.whu.edu.cn）
印刷:武汉中远印务有限公司
开本:720×1000　1/16　印张:12　字数:171 千字　插页:1
版次:2015 年 10 月第 1 版　　2015 年 10 月第 1 次印刷
ISBN 978-7-307-16402-4　　定价:39.00 元

前　言

　　自然界的变化和人类的各种活动每天都在改变着地表景观及其利用形式。人口的快速增长及城市化的发展，加速了这种变化。这些变化将对地球资源与环境产生深远的影响，因此，及时、有效地监测地表变化，更新相关的地理信息系统，为资源管理与规划和环境保护等职能部门提供科学决策的依据是十分必要的。为了解地球而发展起来的卫星对地观测技术，无疑是监测地表变化的最佳技术手段。现代遥感技术已经进入了一个能够快速、及时提供多种对地观测海量数据的新阶段，但是如何快速、自动地从大量、多源的遥感影像中定位有信息差异的数据，剔除冗余，是目前尚待解决的难题，也是遥感领域研究的热点问题之一。

　　40 多年来，随着航天技术、计算机技术和传感器技术的发展，现代卫星遥感技术已经能够获取多分辨率(几何分辨率、光谱分辨率、时间分辨率、辐射分辨率)、多角度、多传感器影像。图像几何分辨率从数公里到数十厘米，光谱分辨率从数百纳米到十几个纳米，重访周期从数十天一次到一天多次，这些遥感数据从粗到细满足了不同层次的需要，大大扩展了遥感应用的范围。遥感影像数据是国家空间数据基础设施中的空间数据框架的基础，利用遥感影像提取、更新地理空间信息已经成为必然的发展趋势。要从目前每天接收的数以 TB 计的遥感影像中，分拣出我们感兴趣的数据，依靠传统的人工解译方法显然不行，这就需要通过某种方法让计算机来理解图像和检测哪儿发生了变化(变化检测)，把我们的注意力引向我们感兴趣的地方。在空间数据框架建成以后，为了实现数据快速更新，保持其现势性，变化检测显得尤为重要，自动变化检测是遥感与 GIS 领域今后研究的重点之一。因此，遥感影像自动变化检测研究有着重要的理论和现实意义。

近些年来，国内外在遥感影像变化检测领域开展了大量的模型和算法研究，取得了许多宝贵的研究成果，涌现出大量文献，但由于系统介绍遥感影像变化检测理论、方法和应用的书籍非常少，使许多刚刚踏入这一研究领域的初学者感到学习起来相当困难，这也不利于遥感影像变化检测研究和应用的进一步普及和深入发展。为此，作者在多年从事遥感影像变化检测研究的基础上，结合国内外学者的有关研究成果编著成此书。

本书主要介绍了遥感影像变化检测中的基本概念、基本理论、模型、技术框架、方法以及软件实现。全书共分为6章，每一章的具体内容如下：

第1章主要介绍了遥感影像变化检测的研究背景、研究意义以及研究现状。

第2章介绍了图像几何配准误差对变化检测精度影响的分析，重点阐述了空间统计学理论的基本概念和方法，并在此基础上应用变差函数对几何配准误差与变化检测结果精度间的关系进行了定量分析，研究了检测误差的传播规律，且通过实验验证了方法的有效性。

第3章介绍了联合遥感影像和GIS数据的遥感影像变化检测方法的思想和基本概念。介绍了遥感与GIS集成变化检测方法优点和存在的问题。重点阐述了基于遥感影像和GIS数据的变化检测整体解求方法思路，包括基于遥感影像和GIS数据的变化检测求解的特征选择和整体求解的概念、思路。

第4章介绍了基于遥感影像和GIS数据的变化检测求解方法。详细介绍了GIS数据预处理的方法，基于面特征的变化检测整体迭代解求方法流程，图像几何变换参数的计算和相似性度量，并给出了面状地物多边形特征的提取方法和最优搜索策略。并通过实验证明了基于遥感影像和GIS数据的变化检测方法可以达到子像素级精度，在图像范围大，需要的控制点数目多时优势比较明显。

第5章介绍了面向对象的高分辨率遥感影像变化检测方法。概述了在高分辨率遥感影像处理与变化检测中，基于像素方法的局限性，并介绍了突破这一局限的面向对象方法的思想和关键技术；然后深入探讨了对面向对象变化检测方法的分类，并通过大量的实验验证了面向方法相比于基于像素方法的优越性，证明了面向对象变化检测能够适用于非同源影像。

第6章介绍了高分辨率遥感影像变化检测系统的研究与实现。简要描述了高分辨率遥感影像变化检测系统的设计目的、技术路线以及功能设计。详细介绍了一个一般性的高分辨率遥感影像变化检测系统的设计目标、技术路线、开发环境、数据管理方式以及要具备的功能，并且介绍了武汉大学测绘遥感国家重点实验室与安徽省第四测绘院共同研发出的面向对象高分辨率遥感影像变化检测系统——UCDS。详细介绍了 UCDS 中面向对象的变化检测技术框架，自动和人工辅助相结合进行地物提取、编辑的方法，以及具有很强实用性的检测后处理功能的使用方式。

本书出版得到了国家科技支撑计划课题"城镇群地理国情可靠性动态监测关键技术研究"（项目批准号：2012BAJ15B04），国家自然科学基金项目"高分辨率遥感影像基于网格能量最小化区域边界提取的土地利用变化自动检测方法"（项目批准号：41071270），测绘遥感信息工程国家重点实验室专项科研经费的资助。在本书的撰写过程中，武汉大学测绘遥感信息工程国家重点实验室的老师和同学们给予了莫大的鼓励和帮助，在此，特表示衷心的感谢。王庆博士、戴凡博士负责本书第 1 章、第 2 章的编写和材料整理工作，王文波博士、陈关州博士、汪祥莉负责本书第 3 章至第 6 章的编写和材料整理工作。

本书可以供从事遥感影像变化检测研究和应用的科技工作者阅读，亦可以作为高等学校相关专业高年级本科生、硕士生与教师的教学和科研参考用书。

限于作者水平有限，书中不足之处在所难免，恳请广大读者和同行批评指正。

作　者
2015 年 5 月

目　　录

1

第1章 遥感影像变化检测技术及发展现状

自然界的变化和人类的各种活动每天都在改变着地表景观及其利用形式。人口的快速增长及城市化的发展，加速了这种变化。这些变化将对地球资源与环境产生深远的影响，因此，及时、有效地监测地表变化，更新相关的地理信息系统，为资源管理与规划和环境保护等职能部门提供科学决策的依据是十分必要的。为了解地球而发展起来的卫星对地观测技术，无疑是监测地表变化的最佳技术手段。现代遥感技术已经进入了一个能够快速、及时提供多种对地观测海量数据的新阶段，但是如何快速、自动地从大量、多源的遥感影像中定位有信息差异的数据，剔除冗余，是目前尚待解决的难题，也是遥感领域研究的热点问题之一。本书将讨论遥感影像变化检测中的基本概念、基本理论、模型、技术框架以及方法等问题。

随着社会、经济和科学技术的进步与发展，人类对地表景观的开发、利用以及引起的土地覆盖变化已经成为全球环境变化中的重要组成部分和主要原因。为此，国际地圈-生物圈（IGBP）计划和全球环境变化中的人文领域计划（HDP）于1995年联合提出"土地利用和土地覆盖变化"（Land use and land cover change，LUCC）研究计划，土地利用变化研究成为全球变化研究的前沿和热点。（史培军等 2000）。1998年美国前副总统戈尔提出了数字地球的概念，其目的是为了更好地了解地球，使之最大限度地为人类的生存、可持续发展和日常的工作、学习、生活、娱乐服务。在这一概念的引导下，许多国家相继制定了空间基础设施发展计划，实施数字国家和区域建设。经过十几年的努力，我国已经在全国和区域范围内，建成了一大批基础、专题 GIS 和遥感空间数据集，并形成了业务化运行系统。这些空间数据和系统在国家、省、市、行业等各个层面上为国土资源调查、城市规划、森林资源检测、环境变化检测、灾害预报与评估等方面发挥了不可替代的作用。及时了解、发现地球表面土地覆盖变化，对于认识人与自然相互作用关系，及时更新 GIS 空间数据集是十分重要的，是资源管理与规划、环境保护等部门科学决策的依据。

卫星遥感的短时间复轨能力，稳定一致的图像质量和系列化运行计划，连续记录了地表信息，是目前唯一能够提供全球和区域范围时间序列观测的技术。40 多年来，随着航天技术、计算机技术和传感器技术的进步，现代卫星遥感技术已经能够获取多分辨率（几何分辨率、光谱分辨率、时间分辨率、辐射分辨率）、多角度、多传感器影像。图像几何分辨率从数公里到数十厘米，光谱分辨率从数百纳米到十几个纳米，重访周期从数十天一次到一天多次，这些遥感数据从粗到细满足了不同层次的需要，大大扩展了遥感应用的范围。遥感影像数据是国家空间数据基础设施中的空间数据框架的基础，利用遥感影像提取、更新地理空间信息已经成为必然的发展趋势。要从目前每天接收的数以 TB 计的遥感影像中，分拣出我们感兴趣的数据，依靠传统的人工解译方法显然不行，这就需要通过某种方法让计算机来理解图像和检测哪儿发生了变化（变化检测），把我们的注意力引向我们感兴趣的地方。在空间数据框架建成以后，为了实现数据快速更新，保持其现势性，变化检测显得尤为重要，自动变化检测是遥感与 GIS 领域今后研究的重点之一。因此，遥感图像自动变化检测研究有着重要的理论和现实意义。

1.1　遥感影像变化检测现状

利用遥感影像的周期性对地表覆盖的变化进行检测，早在遥感技术发展的初期就引起了人们的兴趣（Rosefeld，1961；Lillestrand，1972）。现代社会日益增长的需求和技术的进步，极大地促进了变化检测理论和方法的研究，多样的空间数据产品极大地丰富了变化检测理论和方法的研究内容。经过 40 多年的发展，在变化检测理论和关键技术研究方面，已经取得了可喜的成果，并广泛应用于土地利用/覆盖、灾害监测与评估、冰川–雪山以及森林植被变化监测等应用中。Singh(1984，1986)用不同时相的 MSS 影像，分别采用图像差分、图像比值、归一化的植被指数差分、图像回归、主成分分析、分类后比较和光谱/时相直接分类等方法来检测热带雨林植被变化，并对比了不同方法的结果，认为图像回归方法最优。Ridd 等学者(1998)利用不同时相的 TM 数据，分别应用图像差分、图像回归、KT(穗帽)变换和 Chi-Square 变换方法对美国 Salt Lake Valley 地区的土地利用进行了变化检测，并对不同方法的结果进行精度评估，认为没有一种方法占有绝对的优势。J. L. Michalek 等学者(1993)等利用不同时相的 NOAA/AVHRR 数据，应用变化矢量分析方法(CVA)对西非 Sudanian-Sahelian 地区土地覆盖变化进行了监测，并得出了变化类型信息。Bernd-M. Straub 等学者(2000)提出了一种面向 GIS 数据更新的遥感图像解译方法。黄华文等学者(1997)提出了一种利用现势航空影像自动检测 GIS 数据中居民地变化的方法。Youcef Chibani 等学者(2003)提出了一种基于卡尔曼滤波的变化检测方法，通过对 SPOT 多光谱影像的实验，表明其优于 BP 神经元网络方法。L. Q. Hung 等学者(2003)集成应用 ETM 数据和 GIS 数据对越南喀斯特地区的线状地物变化进行检测，从而分析该地区的地质变化。Wang(1993)用基于知识的计算机视觉系统来进行城市变化的检测。Rogan 等学者(2001)采用穗帽变化、最大似然分类和决策树分类等方法分别对不同时相的 TM 影像进行植被覆盖的变化监测，并做了定量的精度评价。Li 等学者(1998)在对珠江三角洲城市扩张的研究中主张采用主成分分析方法来改善土地利用变化检测的精度。F. Del Frate 等学者(2004)用神经元网络的方法先对 Quickbird 影像进行分类，再对分类结果进行分析来检测城市变化。Hee Young Ryu 等学者(2004)提出了一种先应用同态滤波和形态操作提取目标特征，再进行变化检测的方法。以上列举的是一些有代表性的方法，由于变化检测方法与实际应用紧密相关，在许多情况下需要进行不同程度的修改，从而形成了许多改进型方法。

　　许多综述文章从不同的角度对这些方法进行了分类、分析，国内学者李德仁(2003)根据检测的数据类型把变化检测方法分为 5 类：①基于不同时相的新旧影像变化检测方法；②基于新影像和旧数字线划图的变化检测方法；③基于新旧影像和旧数字线划图的变化检测方法；④基于新的多源影像和旧影像/旧地图的变化检测方法；⑤基于不同时相立体像对的三维变化检测方法。根据是否先进行几何配准处理把变化检测分为两类：一类是先进行影像配准的变化检测方法；另一类是变化检测与影像配准同步进行的方法。有学者根据变化检测的信息层次，把变化检测分为：像素级、特征级和决策级三个层次。D. Lu 等学者(2004)最近发表的文章按照采用的数学方法把变化检测技术分为 7 类：①代数运算方法；②变换方法；③分类方法；④高级模型方法；⑤GIS 方法；⑥可视化分析方法；⑦其他方法。更简单的是根据图像是否进行分类把变化检测方法分为两类：一类是图像直接比较方法，另一类是分类后比较方法(Ashbindu Sngh 1989，Peter J. Deer 1995，Xiaolong Dai et al.，1998)。

　　虽然遥感影像变化检测已经得到了广泛应用，但仍然存在一些困难和问题需要进一步研究解决。分析现有的变化检测方法和相关文献可以发现：

　　1. 缺乏理论基础和合适的评价标准

　　现有的变化检测方法主要是面向具体的应用提出来的，还没有系统地形成变化检测理论。许多变化检测方法本身一些步骤、参数的确定依靠经验指导，如数据选择，数据预处理，变化阈值的选取，变化检测方法的确定等。由于实际应用时采用的影像空间、光谱、时域以及检测对象不同，使得采用不同方法，结果差别较大，即使采用同一方法，结果差别也不尽相同。由于变化检测过程涉及许多处理步骤，比较复杂，对不同的变化检测以及同一方法在不同情况下检测的结果缺乏一个有效的评价体系和方法。

　　2. 检测方法对数据预处理结果敏感

　　现有的变化检测方法处理过程可以分成两大部分：数据预处理和变化检测。变化检测处理往往要在预处理基础上进行，也就是说二者是串行处理关系，因而预处理的结果对变化检测的结果有着非常重要的影响，特别是不同时相数据都是遥感图像时，这种影响更为显著。例如，对于不同时相数据都是遥感图像的变化检测，图像辐射校正和几何配准精度对变化检测结果的精度有着十分明显的影响，当采用分类后比较分类方法时，检测精度是不同时相遥感图像各自分类结果精度的乘积（Stow et al. ，1980）。图像预处理带有许多不确定因素，高精度的预处理结果在实际应用中往往难以获得，结果精度难以控制。另外预处理结果精度与变化检测精度之间的定量关系不是都能够准确地定量描述，因此使得变化检测结果在一定程度上具有不确定性。

3. 检测方法通用性差

现有的变化检测方法都是在特定的应用条件下提出来的，从数据源、检测对象、地面环境到精度要求都有特定要求，当这些条件发生变化时其效果就会有差异，有的甚至不能实施。从数据源来看，现有的变化检测方法主要研究的是 NOAA/AVHRR、MODIS、MSS、TM、ETM、SPOT 等中低分辨率影像，对高分辨率影像（如Quickbird、IKONOS 等）主要还是用人工目视解译方法，不同时相的影像来源于同一传感器。

4. 变化检测方法不能集成多源数据进行分析

现有的变化检测方法主要还是停留在像素级的数据引导上，缺乏知识引导的特征级变化检测方法（李德仁，2003）。目前变化检测方法模型主要是对不同时相的遥感影像进行处理，其前提条件是地物的时相变化能够引起图像上像素值的明显变化。这类变化检测方法仅仅利用了图像灰度信息，没有利用检测对象几何信息。由于图像灰度对地物的表达有一定的不确定性，因而使得变化检测的结果出现伪变化。从实际应用的角度来讲，在一定的时间内有时难以获得同一传感器的不同时相观测，此时集成不同来源数据分析显得尤为重要。集成遥感图像和 GIS 数据进行变化检测分析是近年来变化检测方法发展的趋势之一（D. Lu，2004）。GIS 数据中包含了丰富的语义和非语义信息，GIS 提供了多源数据集成分析的有力工具，能适应复杂影像的分析。

　　尽管已经存在许多变化检测方法，但对于某一特定的应用和研究区域选择一个合适的方法仍然十分困难。变化检测分析仍然是遥感领域研究的热点，随着新的传感器和高分辨率影像的不断出现，研究能够进行多尺度、多源数据分析的新技术和新方法是十分必要的。GIS 数据中包含了丰富的信息，是多源数据集成分析的有力工具，遥感影像和 GIS 集成变化检测分析有着很大的应用潜力。日益丰富的空间信息和各种行业、专题 GIS 系统的建立，也为遥感影像和 GIS 集成变化检测分析提供了坚实的数据基础。

1.2　遥感影像变换检测的概念和模型

1.2.1　变化检测的基本概念

　　自从 1961 年 Rosefeld 第一次发表用数字化的侦察遥感图像进行自动变化检测的论文以来，变化检测理论和方法就一直是遥感领域研究的重要内容之一。结合不同的应用数据条件和目的，许多学者对变化检测理论和方法进行了广泛深入的研究，从不同的角度对变化检测的概念进行了阐述和定义。Rosefeld 认为图像自动变化检测的基本任务就是：数据配准，变化检测、定位和变化判别（Rosefeld 1961）；Mouat 认为"遥感变化检测是一个确定和评价各种地表现象随时间发生变化的过程"（Mouat et al.，1993）；Ashbingu Singh（1989）和 Peter J. Deer（1995）从广义的角度认为"变化检测就是根据对同一物体或现象不同时间的观测来确定其不同的处理过程"；我国学者赵英时认为"变化检测就是从不同时期的遥感数据中，定量地分析和确定地表变化的特征与过程"（赵英时，2003）。遥感图像变化检测一般是指以一个时相的遥感图像为参考，检测出另外时相相对参考图像的差异。随着地球信息科学的发展和应用需求的多样化，变化检测的研究内容得到了极大的丰富，参考数据不再局限于遥感图像，也可以是 GIS 数据、地形图以及其他地球空间信息产品。比较全面的遥感图像变化检测概念可以理解为：遥感图像变化检测是一门根据遥感图像和参考数据不同时相的观测来提取、描述感兴趣物体或现象随时间变化的特征，并定量分析、确定其变化的理论和方法。这一理论具体包括五个方面的内容：

(1)检测并判断是否发生了变化，即确定研究区域内感兴趣的目标或现象是否随时间发生了变化；

(2)定位发生变化区域的位置，确定发生变化区域面积大小，也就是要确定变化发生在什么地方，变化区域的面积有多大，占多大比率。

(3)变化检测结果精度评估；

(4)分析、鉴别变化的类型，确定变化前后地物的类型；

(5)分析、评估变化在时间和空间上的分布模式，对其变化规律进行描述和解释，并对未来的变化进行预测，为科学决策提供依据。

前3个方面是变化检测要解决的基本、共性问题，后2个方面的内容比较复杂，与具体的应用相关，要结合研究区域的地面情况和应用专业知识综合分析，常常涉及其他领域的研究内容。

遥感图像变化检测中的参考数据可以是同源不同时相的遥感图像，也可以是不同源、不同分辨率的遥感图像，还可以是 GIS 数据、地形图以及通过其他技术手段获取的地物描述信息。变化检测的前提条件是不同时相的观测数据要有"可比性"，具体体现在：参考数据必须要能够表现、描述待研究地物或现象的时态特征，也就是说参考数据的信息约束着变化检测结果；地物或现象的时态特征的变化必须能够显著地表现在遥感图像上。所谓显著就是实际变化在灰度或纹理上的表现能够从其他干扰因素中分离出来，这些干扰因素包括：大气、物候、日照以及传感器等变化引起的图像灰度值的变化。

变化是绝对的，不变是相对的。引起地表覆盖的变化的原因可以分为五类：

(1)长时间气候引起的自然变化；

(2)土壤侵蚀和植被长势等地貌和生态原因引起的变化；

(3)人类活动导致植被覆盖和地物景观变化，例如森林消失和土地退化等；

7

（4）周期性的气候变化引起的变化；

（5）由于人类活动而产生的温室效应的影响（Macleod 和 Congalton，1998）。

在结果上这些因素会导致两类变化：一类是表现在遥感图像上又有明显的辐射、纹理、形状和大小变化的地表覆盖类型变化；另一类是地表覆盖类型不变但其数量和状态发生了变化。前者是狭义的遥感图像变化检测的研究对象，也是本书的研究重点，后者数量上的变化常常是定量遥感研究的内容。

1.2.2 变化检测的模型表达

对同一地区的 T_1、T_2 两次不同时相的观测用集合的方式可以表示为：$I_1: R^l \rightarrow R^p$ 和 $I_2: R^l \rightarrow R^q$，其中 R^l 为研究区域，l 为研究区域的空间维数，通常 $l = 3$；R^p 为遥感图像，每个像素都带有坐标信息，p 为图像空间的维数，对于全色图像 $p = 2$，对于多光谱图想 p 等于光谱段数；R^q 为参考数据，R^q 可以是遥感图像也可以是 GIS 矢量数据，q 为其空间维数。R^p 和 R^q 可以看做是 Rl 从地理空间到特征空间的一个映射（Richard J. Radke et al.，2005）。变化检测就是以 R^p 和 R^q 为输入数据，根据应用目的分别从 R^p、R^q 中提取能表现某一地物或现象随时间变化的特征，并加以描述、比较，确定变化区域。

从模式识别的角度来看，可以把变化检测理解为一个分类问题，特殊之处是一个两类问题。分别从 R^p、R^q 中提取特征，对特征进行描述表达，定义相似度量和分类方法，把图像分成变化和没变化两类，并生成分类结果图 $B(x): R^l \rightarrow (0, 1)$：

$$B(x) = \begin{cases} 1, \text{发生了显著变化} \\ 0, \text{未发生显著变化} \end{cases} \qquad (1.2.1)$$

1.3 遥感影像变化检测的一般步骤

1.3.1 检测内容的确定和数据选择

在进行变化检测处理以前要对变化检测工程的内容进行全面了

解，准确定义工程要解决的问题，确定研究区域和内容，了解数据、检测对象的空间分布特点、光谱特性、时相变化以及背景环境等情况并做出时间和费用预算。

根据具体的变化检测应用实际情况和将要采用的变化检测方案，选择能够满足要求的一定光谱、几何和时间分辨率的现势遥感影像；T_1 时相的参考数据根据实际情况可以是遥感图像数据也可以是 GIS、地形图或专题图等其他空间数据。

不同遥感系统的时间分辨率、空间分辨率、光谱分辨率和辐射分辨率不同，选择合适的遥感数据是变化检测能否成功的前提。根据检测对象的时相变化特点来确定遥感监测的频率，如一年一次、一季度一次和一个月一次，等等。根据检测对象和背景环境的辐射特点，选择检测对象与背景反差最大时期的影像，提高变化检测精度。如果 T_1 时相的参考数据也是遥感影像，则尽可能选用不同时期相同或相近季节和时刻的遥感图像，以消除太阳高度角、季节和物候差异的影响。分析检测对象的空间尺度和变异情况，确定遥感图像的几何分辨率要求，使得遥感图像在表达检测目标几何形态方面能够满足应用需求，同时能够与参考数据的表达能力相匹配。根据检测对象的光谱特性情况，选择合适的遥感数据类型和相应波段图像，另外根据检测对象的辐射变化情况，选择合适辐射分辨率的图像，使得检测对象的变化能够在辐射上表现得充分、明显，增大地物辐射变化与由于大气、土壤湿度、物候特征以及传感器标定等因素的状态变化而引起的辐射变化之间的差异，提高信噪比。

1.3.2 数据预处理

对遥感图像数据的数据预处理包括图像增强与滤波、图像裁剪、图像镶嵌、几何校正和辐射校正等，其目的是为了突出检测对象，提高解译能力，确定、定位研究区域。在这些预处理过程中几何校正和辐射校正对变化检测结果的影响最大，因此显得十分关键。

变化检测过程需要对同一地物的不同时相数据进行综合分析，从某种意义上来说，需要"叠合"同一地物不同时相的数据，显然这种处理是需要一致的位置参考的。由于飞行器平台和传感器姿态、大气传输、地形起伏以及传感器成像几何性能等因素的变化常常会引起影像几何的线性和非线性畸变，使得不同时相获取的影像在同一坐标位置上对应的地物不一致。为此，变化检测之前要对检测数据进行几何校正。校正的方式有两种，根据具体的应用情况选择采用：一种是遥感影像相对 T_1 时相参考数据进行相对几何校正；另一种是遥感影像和 T_1 时相参考数据都相对其他的参考坐标系统进行纠正，纳入到同一几何基准下。几何校正的精度对变化检测结果的精度影响非常大，精度低的几何校正结果会导致大量的伪变化（Townshend et al.，1992；Verbyla 和 Boles，2000；Carvalho et al.，2001，Stow 和 Chen，2002）。Jensen et al.（1987）认为对于航空遥感影像 2.26 个像素的配准精度就足够了，A. K. Milne（1988）认为几何校正误差应该小于一个像素，Townshend et. al.（1992）用 Landsat MSS 数据对几何配准误差对变化检测结果的影响进行了定量研究，认为要获得 90% 的检测精度配准精度要小于 0.2 个像素。不同的应用条件、不同的目的以及不同的变化检测方法对几何校正精度要求不同，因此需要提供一种定量分析方法，具体问题具体分析，从而保证几何校正精度对变化检测结果影响最小。

如图 1.3.1 所示，当 T_1 和 T_2 时相观测的数据都是遥感图像时，如果采用基于灰度比较的变化检测方法，则在检测前要进行辐射校正。基于图像灰度的变化检测方法的前提是相同的地物在图像上有相同的灰度，地物的时相变化在图像灰度上有明显的不同或者地物的时相变化是可以从其他因素引起的灰度变化中区分出来的，其他因素引起的灰度变化包括传感器标定、太阳高度角、地面潮湿度以及季节变化等引起的相同地物的灰度变化。要使不同时相图像上的相同地物具有相同或相近的灰度就需要对图像进行辐射校正。辐射校正包括绝对校正和相对校正两种方法。通过绝对校正模型去除大气传输影响，使得校正后的影像灰度能够反映真实的地物光谱反射率，恢复地物的本来面目，常用的模型有 6S、Modtran、FLAASH 和 ATCOR 等。相对辐射校正就是选择一幅参考影像，其他图像以其为标准进行归一化处理，常用的有回归方法和直方图匹配方法等。

当 T_1 时相的参考数据不是遥感图像时，除了不需要进行辐射校正外还可能要进行数据格式转换、矢量化采集以及专题数据抽取等处理。

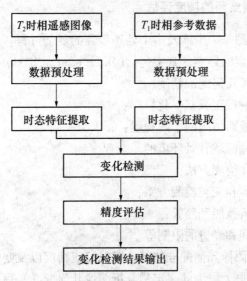

图 1.3.1 遥感图像变化检测的一般步骤、流程框图

1.3.3 检测对象时态特征提取

对不同时相的相同目标进行检测是为了发现其某些特征随时间出现的差异，为此变化检测前首先要提取目标特征并对其进行描述。当 T_1 和 T_2 时相观测都是遥感图像时，图像灰度就是检测对象特征的描述，而对于基于特征或者 T_1 时相参考数据是 GIS 数据的变化检测应用，则要应用分类或者其他模式识别方法提取检测目标，并对其进行特征描述来反映时相变化。变化检测就是要根据应用情况选择合适的方法，提取变化信息，并加以分析，最后以变化分布图和数据表格的形式输出检测成果。变化检测是整个过程的核心，这项工作决定着数据的准备和预处理，同时项目的实际情况也

制约着变化检测方法选择范围。一个好的检测方法应该有好的抗干扰能力。常用变化检测方法有：灰度比较法、变化矢量分析方法、回归分析方法、主成分分析法、分类后比较法以及光谱/时相分类方法等。

1.3.4 检测结果的精度评估

变化检测是一个涉及多个处理步骤的复杂过程，检测结果的精度受许多因素的影响，其中包括（D. Lu et al. , 2004）：

(1) 图像几何配准精度；

(2) 辐射校正或归一化精度；

(3) 对地面情况的了解程度；

(4) 研究区域背景环境的复杂程度；

(5) 变化检测方法；

(6) 分类和变化检测方案；

(7) 分析技能和经验；

(8) 时间和经费的限制等。

其中，图像几何配准精度、辐射校正精度以及变化检测方法对结果的影响最大，为此要定量分析图像几何配准和辐射校正精度对变化检测精度的影响，严格控制其限差，误差大小用标准中误差来度量。

变化检测结果的精度对于评估不同检测方法，地物时相变化规律分析以及管理决策都是十分重要的，这项指标表明了结果的可靠性。常用的精度评估指标有总体精度、漏检率、虚检率等。变化检测类似于图像分类，不同之处在于变化检测的结果只有两类：变化与没有变化。因此对变化检测精度的评估与遥感影像分类精度评估类似，选取一定数量的样本，构成一个 2×2 的混淆矩阵，如表1.3.1 所示。表 1.3.1 中 n_{11} 为检测出来的实际发生了变化的像素，n_{21} 为没有检测出来的实际发生了变化的像素，n_{12} 为实际没有发生变化但被当做变化检测出来的像素，n_{22} 为区分出来实际没有变化的像素。根据表 1.3.1 我们可以定义精度指标：

(1) 总体精度

$$P_{tk} = \frac{n_{11}}{n_{11} + n_{12} + n_{21}} \times 100\% \qquad (1.3.1)$$

表 1.3.1

类别	变化	未变化
变化	n_{11}	n_{12}
未变化	n_{21}	n_{22}

（2）漏检率

$$P_{fd} = \frac{n_{21}}{n_{11} + n_{12} + n_{21}} \times 100\% \qquad (1.3.2)$$

（3）虚检率

$$P_{fi} = \frac{n_{12}}{n_{11} + n_{12} + n_{21}} \times 100\% \qquad (1.3.3)$$

1.4 遥感影像变化检测方法与分析

利用遥感影像的周期性对地表覆盖的变化进行检测，在卫星遥感技术发展的初期就引起了人们的兴趣，早在 1961 年 Rosefeld 就提出了基于像素灰度差分的变化检测方法。现代社会日益增长的需求和遥感技术、计算机技术的进步，极大地促进了变化检测理论和方法的研究，多样的空间数据产品极大地丰富了变化检测理论和方法的研究内容。为了解决变化检测这一遥感领域研究的重点和热点问题，许多学者根据不同的应用，提出了许多技术、方法。许多综述文章从不同的角度对这些方法进行了分类、分析，国内学者李德仁(2003)根据检测的数据类型把变化检测方法分为 5 类：

（1）基于不同时相的新旧影像变化检测方法；

（2）基于新影像和旧数字线划图的变化检测方法；

（3）基于新旧影像和旧数字线划图的变化检测方法；

（4）基于新的多源影像和旧影像/旧地图的变化检测方法；

（5）基于不同时相立体像对的三维变化检测方法。

有些学者根据变化检测的信息层次，把变化检测分为：像素级、特征级和决策级三个层次。许多学者（Ashbindu Sngh，1989；Peter J. Deer 1995；Xiaolong Dai et al.，1998）根据变化检测前是否对图像进行分类处理进行分类：一类是图像直接比较方法；另一类是分类后比较方法。D. Lu 等学者（2004）最近发表的文章按照采用的数学方法把变化检测技术分为 7 类：

（1）代数运算方法；

（2）变换方法；

（3）分类方法；

（4）高级模型方法；

（5）GIS 方法；

（6）可视化分析方法；

（7）其他方法。

这里我们沿用这一分类方法，对除高级模型方法以外的 6 类中的方法进行阐述和分析。

1.4.1　可视化分析方法

可视化分析的方法是一种人机交互的变化检测方法，对不同时相的图像进行增强、彩色合成，突出检测对象。例如，把 T_1 时相的图像分别作为彩色合成图像的红、绿分量，T_2 时相的图像作为蓝色分量，根据加色原理，如果没有发生变化图像应该表现为灰色，否则为彩色。人工目视解译合成的图像，提取变化区域。可视化分析方法充分利用了分析者的经验和知识，可以综合运用图像上的纹理、形状、大小和模式等特征来确定地物的变化。其缺点是工作量大，效率低，很难处理大面积区域。

1.4.2　代数运算方法

代数运算类变化检测方法包括：图像差分、图像比值、图像回归方法、图像植被指数差分、变化矢量分析和背景相减等方法。

1. 差值法

对两个不时相的图像进行高精度的几何配准之后，将两个不同时相的图像上的对应像素相减，如公式(1.4.1)所示。在新生成的图像中，没有变化的区域的图像像素值为0，有变化的区域的图像像素值则可能为正或负，为了使得图像像素值都大于零，常常加上一个常数 C。差值图像的亮度值常常近似高斯分布，没有变化的像元多集中在均值周围，而变化像元分布在高斯分布曲线的尾部。

$$X_{ij} = X_{t1ij} - X_{t2ij} + C \qquad (1.4.1)$$

式中：X_{ij} 为差值图像像素值，X_{t1ij} 和 X_{t2ij} 分别为时相 T_1 和 T_2 图像的像素值，C 为常数。

图像相减方法的优点就是简单、直观，结果比较容易解译。其缺点一是不能提供变化类型信息；二是当两次成像条件(季节、太阳高度角、地表湿度等)不同时，也可能造成灰度差异，但这种现象不一定能代表目标发生了变化。

2. 比值法

将经过高精度几何配准的两个时相的遥感图像上对应的像素值进行相除(计算公式如公式(1.4.2)所示)，没有变化的区域其结果为1，发生了变化的区域其结果不等于1。为了防止分母为零的情况出现，对分母为零的情况要特殊处理。

$$X_{ij} = \frac{X_{t1ij}}{X_{t2ij}} \qquad (1.4.2)$$

式中：X_{ij} 为比值图像像素值，X_{t1ij} 和 X_{t2ij} 分别为时相 T_1 和 T_2 图像的像素值。

比值方法的优点就是通过除法运算可以消除一些由于太阳高度角、阴影和地形引起的乘性误差，其缺点是生成的结果图像往往不服从正态分布，给分析带来了一定的困难。

3. 图像回归方法

假设 T_2 时相图像上每个像素灰度值 X_{t2ij} 都是 T_1 时相图像上对应像素灰度值 X_{t1ij} 的线性函数，那么就可以通过最小二乘方法解算出线性函数的系数。通过解算的回归方程，用 T_1 时相图像上像素值 X_{t1ij} 就可以计算出 T_2 时相图像上对应像素的灰度值 $\widetilde{X}_{t2ij}$，定义 D_{ij} 为 $\widetilde{X}_{t2ij}$ 与 X_{t2ij} 之间的差值，表达式如公式(1.4.3)所示，当有变

化发生时 D_{ij} 的绝对值会比较大。

$$D_{ij} = \widetilde{X}_{t2ij} - X_{t2ij} \qquad (1.4.3)$$

　　图像回归方法由于在建立线性回归关系时考虑了不同时相图像中由于大气条件、季节、太阳角度等因素引起的灰度差异，所以可以消除这些因素对变化检测的影响。但是建立高精度的回归关系，往往比较困难，计算量大。

　　4. 图像植被指数差分

　　植被指数差分方法与图像差分方法比较相似，用两个时相的植被指数来代替原始图像灰度，因而该方法主要用于检测植被覆盖的变化。植被指数通常选用绿色植物强吸收的可见红光 (600～700nm) 和强反射的近红外波段 (700～1100nm) 作为组合，植被在这两个波段中的光谱响应差别明显，这种差别随着树冠结构、植被覆盖而变化，因而可以定义它们之间的比值、差分和线性变换等运算来增强和揭示植被信息。对于植被指数的定义有多种，常用的模型有：比值植被指数 (Ratio Vegetation Index，RVI)、归一化的植被指数 (Normalized Difference Vegetation IndexV，NDVI) 和调整土壤亮度的植被指数 (Soil-Adjusted Vegetation Index，SAVI)，公式 (1.4.4) 给出了表达式，式中 NIR、R 和 L 分别为近红外、可见红色波段像素值和土壤调节系数。

$$RVI = \frac{NIR}{R}$$

$$NDVI = \frac{NIR - R}{NIR + R}$$

$$SAVI = \left(\frac{NIR - R}{NIR + R + L} \right) \times (1 + L) \qquad (1.4.4)$$

　　应用植被指数作为检测特征针对性强，排除了非植被信息的干扰，增强了植被在不同波谱段的物理特性，同时抑制了传感器、大气、地形和光照等因素引起的伪变化干扰。但同时植被指数检测方法也增强了随机噪声和相关噪声。

　　5. 变化矢量分析

　　多光谱图像像素的光谱信息可以用一个灰度矢量来表示，对于不同时间的遥感影像，每个像元都可以生成一个具有一定方向和强度的向量，如图 1.4.1 所示。变化强度通过空间两点之间的距离求得，我们假设时相 T_1 和 T_2 图像的像元灰度矢量分别为 $G_1 = (g_{11},$ $g_{12}, g_{13}, \cdots, g_{1k})^{\mathrm{T}}$ 和 $G_2 = (g_{21}, g_{22}, g_{23}, \cdots, g_{2k})^{\mathrm{T}}$，则变化矢量定义为

$$\|\Delta G\| = G_1 - G_2 \tag{1.4.5}$$

变化强度信息为：

$$\|\Delta G\| = \sqrt{(g_{11} - g_{21})^2 + (g_{12} - g_{22})^2 + \cdots + (g_{1k} - g_{2k})^2}$$

$$\tag{1.4.6}$$

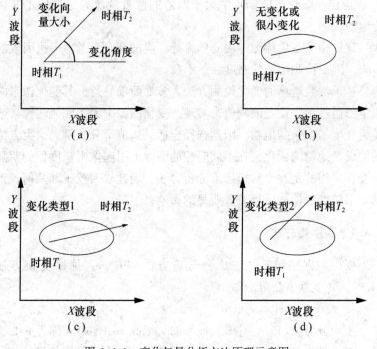

图 1.4.1　变化矢量分析方法原理示意图

$\|\Delta G\|$ 越大表明两个时相的图像差异越大，变化的可能性就越大。因此，变化可以通过设定阈值，再根据强度 $\|\Delta G\|$ 的大小来确

定。‖ΔG‖超过阈值就判断为发生变化的像素，像元变化的类型，可以通过 ΔG 的指向确定，图 1.4.1(b)、(c)和(d)分别说明了没有变化发生或有变化发生不能被检测到和检测到不同类型变化的情况。

变化矢量分析可以理解为图像差分方法的扩展，在理论上可以处理多光谱数据，而且能够提供变化类型信息。

6. 背景相减方法

对于一定区域来说，变化一般属于小部分，背景相减方法的思想是把图像中不变的部分看做背景，发生了变化地物的图像看做前景。对于 T_1 和 T_2 两个时相的图像 X_{t1ij}、X_{t2ij}，对 T_1 时相的图像进行低通滤波，生成背景图像，X_{t2ij} 减去背景图像就得到了变化图像 D_{ij}，设定一变化阈值，D_{ij} 中大于阈值的像素就认为是发生了变化的地物。

背景相减变化检测方法简单易行，但没有全面考虑干扰因素的影响，因而检测结果的精度往往不高。

基于代数运算的变化检测方法大多都简单易行，其变化像素的确定都通过预先设定的阈值来实现，变化图像中大于阈值的像素归类为发生了变化的地物，因此选择合适的阈值十分关键。这类方法的假设是地物的变化会在不同时相的图像上引起像素灰度值的明显改变，采用的是逐个对应像素分析方法，因此辐射校正和几何校正的结果精度对检测效果有着明显的影响。

1.4.3　变换类方法

变换类方法包括：主成分分析方法（PCA）、穗帽变换方法（KT）、M 变换方法等。

1. 主成分分析方法

主成分分析（PCA：principal components analysis）又称为 K-L 变换，是一种去除多光谱图像波段间相关性，同时不丢失信息的一种正交变换。对于多光谱图像，首先计算波段之间的协方差矩阵，然后计算出协方差矩阵的特征值和特征向量，进而求出 K-L 变换矩阵。变换的结果称为主成分，主成分是原始数据的线性变换，主成分之间正交不相关，而且第一主成分 PC1 包含的信息最多，第二主成分 PC2 包含的信息次多，依次类推。一般 PC1、PC2 和 PC3 包含了整个 95%以上的信息，因此通过 PCA 变换可以达到冗余压缩和信息集中的目的。

PCA 用于变换检测中主要有两种方式，一种方法是把不同时相的图像看做是同一时相的多光谱图像进行主分量变换，在统计上不变的信息将会集中在前面几个主要的分量上，而发生了变化的地物信息将会集中在次要的主分量中（Byrne et al.，1980，Richardson and Milne，1983），对次要主分量进行分析就可以检测出变化信息；另一种方法是分别对不同时相的图像进行 PCA 变换，选择主要的几个主成分计算它们之间的差值来实现变化检测。另外 PCA 变化还可以作为数据预处理方法，和其他变化检测方法一起使用。

通过 PCA 可以压缩冗余信息，消除多光谱图像波段间的相关性，减少了处理数据量。PCA 变化检测方法也存在着明显的缺陷，作为变换结果的主成分与源图像相关，这就要求不同时相的数据是同一传感器，相同分辨率的图像，主成分影像往往失去了原来数据的物理光谱特性，对地物的解译往往只能依赖其几何、纹理信息。

2. 穗帽变换方法（KT）

主成分分析的相关系数是原数据波段间协方差或相关系数的函数，这个特征使得主成分分析可以压缩冗余信息，去波段间的相关性，但却使得不同图像得到的主成分难以相互比较。为了解决这样一问题，Kauth 和 Thomas（1976）提出了一种基于图像物理特征的固定变换——穗帽变换。穗帽变换产生 4 个分量结果，分别定义为土壤亮度指数（soil brightness）、绿度指数（greenness）、黄度指数（yellow stuff）和噪声（non-such）。穗帽变换与 PCA 不同的是其转换系数是固定的，独立于图像，不同图像产生的土壤亮度和绿度可以相互比较。随着植被的生长，绿度图像上信息增加，土壤亮度上信息减弱，当植被成熟和凋落时则相反。为此，对不同时相的图像先分别进行穗帽变换，分别提取土壤亮度指数、绿度指数和黄度指数进行比较，检测出地物变化。

穗帽变换是一种特殊的主成分分析方法，但该方法的转换系数固定，处理的数据可以不是同源的，但用于不同源数据时，需要进行辐射绝对校正。

3. M 变换方法

M 变换又称为典型相关分析，其目的是把两组随机变量之间的复杂相关关系简化，即把两组随机变量之间的相关性研究简化成少量几对典型变量的相关性研究，而这少数几对典型变量之间又是互不相关的。假设已对图像 X 和 Y 做了典型变换 $X \rightarrow U$：$U = a_i TX$，$Y \rightarrow V$：$V = b_i TY (i = 1, 2, \cdots, k, \cdots, p)$，并假设前面 k 对典型变量 U_i 和 $V_i (i = 1, 2, \cdots, k)$ 充分反映了 X 和 Y 之间的相关性，则后面的 $p - k$ 对典型变换 $U_k + j$ 和 $V_k + j (j = 1, 2, \cdots, p - k)$ 充分反映了 X 和 Y 之间的不相关，从而 $p - k$ 对典型变量之差 $U_k + j - V_k + j$ 应该最大限度地包含 X 和 Y 之间的不同信息。确定一组线性变换 $a_i T$ 和 $b_i T$ 对不同时相的遥感图像 X_{T1ij}、X_{T2ij} 分别做典型变换，使得 X_{T1ij}、X_{T2ij} 相关系数最大，从中寻找相关最小的线性组合对，它们之间的差值就包含了 X_{T1ij}、X_{T2ij} 之间的时相变化。

M 变换消除了光谱和时相之间的相关性，突出了时相差异，对尺度不一致和辐射畸变不敏感。在实际应用中通过选取样本来计算变换系数 a_i 和 b_i，容易受到噪声的干扰，变化信息往往不能完全集中。

基于图像变换的变化检测方法还有哥瑞姆-斯密特（Gramm-Schmidt）方法和卡方（Chi-square）等方法，但实际应用中不常使用，在此就不详细介绍了。

1.4.4 分类方法

基于分类的方法包括两种：一是分类后比较方法，另一种就是多时相图像直接分类方法，也称为光谱/时相分类。

1. 分类后比较方法

分类后比较是一种很直观的变化检测方法，对不同时相的遥感图像分别独立进行分类，然后对分类产生的结果逐个像元进行比较、分析，检测出人们感兴趣的地物的变化信息，而且可以提供变化类型信息。由于不同时相是独自先进行分类的，因而可以消除大气、传感器、季节和地面环境等因素对不同时相图像的影响。然而，这种方法的关键是分类，变化检测结果精度取决于分类结果精度。变化检测结果精度等于不同时相分类结果精度的乘积(Stow et al.，1980)，例如如果两个时相图像分类精度都为0.8，则变化检测结果精度则为0.64。另外由于产生高精度分类结果往往比较困难，从而会导致变化检测结果的精度不高和结果的不确定性。

2. 多时相图像直接分类方法

多时相图像直接分类方法是把不同时相的图像看做同一时相不同波段的图像，用分类的方法检测出发生了变化的类别。直接分类的方法理论上比较简单，但在实际应用中往往由于一起分类的图像数目多而变得复杂(Estes et al.，1982)，一种处理方法可以先进行PCA变换压缩冗余信息，选取其中几个主分量进行分类。直接分类方法只能区分变化与未变化，不能给出变化类型信息。另外，不同时相的图像最好来源于同一传感器，因为不同传感器对同一地物的光谱响应不同，这在分类中很容易被分为不同的类而认为发生了变化。

基于分类的变化检测方法的关键是分类，在模式识别中分类方法有很多，从大的分类来说，有监督和非监督分类方法，具体的方法有最小距离分类、贝叶斯分类，决策树分类、神经网络分类和基于知识的分类，等等，不同的分类器在不同的应用条件下分类精度不同，要根据具体情况选择采用。由于采用分类技术为基础，所以图像之间的高精度几何配准是必不可少的。采用基于分类的变化检测方法时，选择高质量、足够数量的训练区是十分重要的，但在实际应用中往往难以实现这一要求，特别对于历史数据。

1.4.5　遥感图像与GIS集成分析的方法

GIS(或地形图、专题图)数据中包含了丰富的语义和非语义信息，GIS数据是经过解译后的地物符号表达，可以作为知识库。一般的遥感图像与GIS集成分析的方法是把不同时相图像变化检测的结果叠加在GIS数据上进行分析，确定变化的地物和类型(Mouat和Lancaster，1996；Salami，1999；Salami et al.，1999；Reid et al., 2000；Petit 和 Lambin，2001；Chen，2002；Weng，2002）。

充分利用 GIS 数据库中的先验知识，与 GIS 集成分析的变化检测方法较传统的方法有明显的优势，该方法能够集成不同类型的数据进行分析，适用面广，检测的结果更可靠，精度更高。遥感图像与 GIS 数据集成分析，已经引起了许多学者的兴趣，是变化检测研究发展的新方向之一（D. Lu et al.，2004）。遥感图像与 GIS 数据集成时，要解决好不同类型、不同精度数据的集成分析问题。

除了上述几类方法外，还有一些不好归类的方法如：空间相关分析方法（Henebry，1993），基于知识的计算机视觉方法（Wang，1993），变化曲线方法（Lawrence，1999），基于数字表面模型（DSM）差值的变化检测方法（Fan et al.，1999）和光谱结构差异方法（Zhang et al.，2002）等。

1.5 基于多边形填充率的自适应变化阈值变化检测方法

以上变化检测方法是根据不同的应用情况和目的发展起来的，为了对这些方法进行定性或定量比较、评价，许多学者从不同角度进行了实验研究。Muchoney 和 Haack（1994）分别用 PCA、图像差分、光谱/时相分类和分类后比较方法对落叶进行变化检测，他们发现经过主成分变换再进行分类后比较和图像差分方法检测结果优于其他方法的结果。Mas（1997，1999）在对墨西哥坎佩切湾海岸进行变化检测时，对比了图像差分、植被指数差分、PCA、光谱/时相非监督分类和分类后比较等 5 种变化检测方法，认为分类后比较方法的结果最佳，检测精度为 73%～89%。Machleod 和 Congalton（1998）在用 TM 数据检测鳗草变化时，对比了分类后比较、图像差分和 PCA 方法，并用航空影像和地面测量数据作为实际参考，构造了混淆矩阵，对不同变化检测方法的结果进行了定量评估，结果发现图像差分方法明显优于其他方法，精度达 78%。Dhakal 等学者（2002）在用 TM 数据对尼泊尔中心区域进行变化检测时，认为应用变化矢量分析方法获得的结果比图像差分和 PCA 方法计算的结果好，精度为88%。

从不同学者研究的结果和对比分析中我们发现他们的结论不尽相同，甚至有的截然相反，出现这种情况的原因在于应用的数据、环境和目的不同，其结果在很大程度上不具有可比性。这也说明不存在一般意义上的最优变化检测方法（Ashbindu Singh 1989；Peter J. Deer，1995；Richard J. Radke et al.，2004；D. Lu et al.，2004），变化检测方法的选择依赖于分析者对方法的理解，对遥感数据的处理技能，所用数据的特点以及研究区域的具体情况。

除了给予图像分类的变化检测方法外，判断是否发生了变化都是通过阈值来确定的。设置适当的阈值在变化检测中十分关键，基于多边形面积填充率的自适应变化阈值确定方法，是在集成GIS信息的基础上发展而来的。

1.5.1 基于多边形面积填充率的自适应变化阈值确定方法

设置合适的变化判定阈值是有效应用像元光谱信息比较类变化检测方法的关键。但是，一般确定阈值的方法都是基于经验，通过人工调整来设定。不同的人设置的值不同，从而导致变化检测的结果不同，检测精度无法控制。为此，我们提出了一种基于多边形训练样区面积填充率的自适应阈值确定方法。

设多边形面积和其外接矩形面积分别为A_p、A_r，多边形面积填充率K定义为

$$K = \frac{A_p}{A_r} \times 100\% \qquad (1.5.1)$$

其取值范围为（0，1）。

基于多边形面积填充率的自适应变化阈值确定方法的基本思想是：在经过像素信息比较后的结果图像上，变化的像素值与没有变化的像素值有明显的差异；在变化检测结果图像上选定一个包含变化像素的训练区域，并能设定一个阈值，使得分离出来的变化像素达到最多，也就是变化检测精度最高，那么把该阈值应用到整幅图像上，也可以使得变化检测精度达到最大。基于这种思想，我们设计了具体的操作流程，如图1.5.1所示。

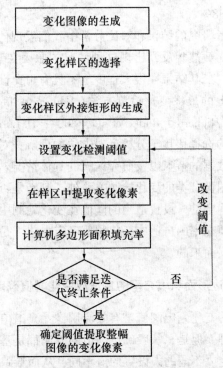

图 1.5.1 基于多边形面积填充率的自适应阈值确定方法流程框图

(1) 变化图像的生成：根据不同的待检测数据的情况和具体要求，可以分别选用不同的像元信息比较方法（例如图像灰度差值法，图像灰度比值法，变化矢量分析方法等），生成变化图像。

(2) 变化样区的选择：在(1)生成的变化图像上，通过人工交互选取典型的变化区域作阈值确定的样本区。这个样本区的要求类似于多光谱图像监督分类的训练样区，要求尽可能地包含各种变化类型，其中的像素要求是发生了变化的，不含没有发生变化的像元，也就是说样区要有代表性，而且要"纯净"。

(3) 变化样区外接矩形的生成：根据(2)中选取的多边形样区的坐标，生成相应的外接矩形。外接矩形与多边形相交的区域内为发生变化了的像素，其他区域内为没有发生变化的区域。如果(2)中选取的区域形状为矩形（这种情况在实际应用中很少遇到），则以样区为中心向外扩展，生成外接矩形。变化样区外接矩形的生成情况如图 1.5.2 所示。

（4）设置变化检测阈值：设置变化检测的阈值，变化图像中大于、等于阈值的像素被定义为发生了变化，小于阈值的像素我们认为没有发生变化。统计变化图像的均值 M 和方差 σ^2，变化图像的像素值常常近似服从高斯正态分布，而变化地物的像素值常常分布在高斯分布曲线的尾部。根据这一理论依据我们把 $M + 3\sigma$ 设置为初始的检测阈值。阈值的增加幅度遵循由粗到细的原则，开始以 σ 为步长，而后逐步以 $\sigma/2$，$\sigma/4$，$\sigma/8$，…，最后以 1 为步长调节阈值大小，直到最后找到使得多边形填充率达到最大的阈值为止。

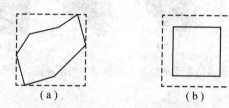

（a）　　　　　　　（b）

图 1.5.2　变化样区外接矩形的生成示意图

（5）在样区中提取变化像素：根据设定的阈值，对变化图像进行处理，判定像素值大于或等于阈值的像元发生了变化，提取这些像素。

（6）计算多边形面积填充率：对（5）中提取的像素数目按照公式（1.5.1）计算在一定阈值条件下的多边形面积填充率。

（7）迭代终止条件：在不同的阈值条件下，从变化图像的样区中会提取不同数目的变化像素 A_{pi}，从而可以计算出不同大小的多边形填充率 K_i。当计算的多边形填充率 K_i 和样区实际多边形填充率 K 的差值达到最小（如公式（1.5.2）所示），就认为满足了要求，退出迭代，取与 K_i 对应的阈值作为最后的阈值。设 A_1 为某一阈值条件下检测出的样区实际变化像素个数，A_2 为样区多边形内的变化像素个数，则检测精度定义为 $(A_1 / A_2) \times 100\%$。

$$|K_i - K| = \min \qquad (1.5.2)$$

基于多边形面积填充率的自适应阈值确定方法就是以样区为基础，迭代寻找一个能使得变化检测率达到最大的阈值，这一过程可以用图 1.5.3 表示。图 1.5.3 从左到右多边形填充率逐步增大，图中(c)对应的阈值使得检测出来的变化像素面积与样区实际的变化面积最接近，为最佳阈值。基于多边形面积填充率的自适应阈值确定方法的优点在于物理意义明确，基本上与操作人员无关，结果一致性好，样区变化检测的精度能够对最后整幅图像的变化检测精度提供比较准确的参考。

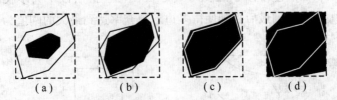

(a)　　　(b)　　　(c)　　　(d)

图 1.5.3　基于多边形面积填充率的自适应阈值确定方法迭代示意图

1.5.2　遥感与 GIS 集成的北京市变化检测分析

北京是我国的经济、政治和文化中心，近年来城市建设发展十分迅速，特别是成功申办 2008 年奥运会以来，城市变化更是日新月异。如何及时有效了解和掌握北京市城市发展变化，是相关职能部门十分关注的课题。为了能够提供技术上的支撑，我们承担了北京市规划委员会委托的北京市城市变化检测和分析项目。

考虑到本项目是一个业务化运行系统，而且要求每年收集春、夏、秋、冬四个时相的遥感图像数据，分别进行变化检测。为此我们在数据源上选择我国资源二号卫星数据，该数据是全色的黑白图像，地面分辨率为3m。基于上述情况，我们的主要思路是先采用像素信息比较方法生成变化图像，运用基于多边形面积填充率的自适应阈值迭代确定方法识别变化像素，对变化像素矢量化，再结合GIS 数据库中空间基础数据对变化的类型进行分析，更新变化区域的 GIS 矢量数据，对违章建设进行执法查处，具体处理流程如图1.5.4 所示。本节以北京某典型地区的变化检测为例，说明遥感和

GIS 相结合的变化检测和分析方法。该典型地区位于城乡结合处，图像大小为 1688×1355 像素，变化检测的图像分别是资源二号卫星获取的 2001 年 5 月 10 日和 2002 年 4 月 1 日的影像，如 2001 年 5 月 10 日资源二号影像，2002 年 4 月 1 日资源二号影像如图 1.5.5 所示。

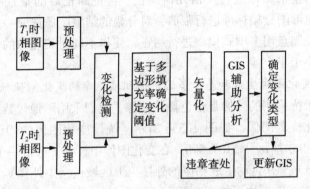

图 1.5.4 遥感与 GIS 结合的变化检测分析流程框图

（a）2001年5月10日资源二号影像　　（b）2002年4月1日资源二号影像

图 1.5.5 变化检测典型实验区的两个时相影像

1. 遥感图像预处理

在进行图像变化检测之前需要对不同时相数据分别进行预处理，其中包括灰度校正，几何纠正，灰度、几何配准。

由于采用的数据是全色黑白图像，因此对图像的辐射处理除采用地面预处理系统提供的系统辐射校正外，我们还应用了直方图匹配方法对不同时相的图像进行了灰度相对配准，减少由于传感器姿态，太阳高度角、地物物理特性变化和大气传输等原因引起的相同像元之间的灰度值差异。为了实现不同时相图像之间高精度配准，先根据资源二号卫星传感器线阵 CCD 推扫式成像物理模型，对不同时相的整景图像进行严格几何纠正，再把纠正后的整景图像按1∶1万地形图分幅标准进行裁剪，对分幅的结果图像选取一定数量的地面控制点用多项式模型进行纠正，使得不同时相图像的几何配准误差小于半个像元。

　　2. 变化图像生成和基于多边形面积填充率的变化阈值确定

　　由于待检测的图像是全色黑白图像，我们采用图像代数运算来生成变化检测图像，如图 1.5.6 所示。统计变化图像的均值 $M = 37.489$ 和方差 $\sigma^2 = 1707.590$。在变化图像中，人工选定一个典型的变化区域，并自动生成相应的外接矩形区域，其中外接矩形像素个数为 8100，多边形像素个数为 4893，填充率为 60.41%。以 $M +$

图 1.5.6　变化检测结果图像

28

3σ 为初值，按照上述中介绍的方法和流程迭代确定变化阈值，迭代过程如表 1.5.1 所示。从表 1.5.1 中可以看出，阈值为 16 时，提取的变化像元的填充率与样区实际的多边形面积填充率最接近，达到最大值，这时检测精度为 99.69%。

表 1.5.1　　　　　　基于多边形填充率的迭代过程

阈　　值	检测处理的变化像素	填充率
$161 = \mid M+3\sigma \mid$	399	4.93%
$203 = \mid M+4\sigma \mid$	6	0.08%
$120 = \mid M+2\sigma \mid$	565	6.98%
$79 = \mid M+\sigma \mid$	609	7.52%
$37 = \mid M \mid$	2846	35.14%
$4 = \mid M-\sigma \mid$	7841	96.8%
$17 = \mid M-\sigma+\sigma/2 \mid$	4681	57.79%
$6 = \mid M-\sigma+\sigma/2-\sigma/4 \mid$	6146	75.88%
$12 = \mid M-\sigma+\sigma/2-\sigma/4+\sigma/8 \mid$	5445	67.22%
$14 = \mid M-\sigma+\sigma/2-\sigma/4+\sigma/8+\sigma/16 \mid$	5079	62.7%
$16 = \mid M-\sigma+\sigma/2-\sigma/4+\sigma/8+\sigma/16+\sigma/32 \mid$	4878	60.22%
$17 = \mid M-\sigma+\sigma/2-\sigma/4+\sigma/8+\sigma/16+\sigma/32+\sigma/32 \mid$	4681	57.79%

3. 变化信息提取

应用 2 中确定的阈值从变化检测的图像中提取变化像素，结果如图 1.5.7 所示。图中白色像素为可能发生变化了的像素，黑色像素为没有发生变化的像素。白色像素是否都是真的发生了变化的？黑色像素中有没有被漏检的变化？发生变化的类型是什么？这些都需要近一步通过其他辅助数据或者野外调查来确定。

图 1.5.7 变化像素提取结果图

1.5.3 实验结果分析

为了能够在一个软件平台上综合利用多种空间基础信息、规划信息和人文信息，我们用 GIS 技术对北京市的道路图、用地现状图、规划红线图等基础空间数据以及相关的人文数据进行建库管理。将通过图像变化检测的结果，经过矢量化后进入 GIS 系统中与已有的数据进行叠加分析，实现遥感图像变化检测和 GIS 分析的结合，分析的结果可以直接更新 GIS 数据库。

对实验区的图像变化检测结果进行栅格矢量化，结果如图 1.5.8 所示。在实际工作中，我们常常只对面积超过一定大小的变化感兴趣，另外检测影像的地面分辨率也决定了我们只能辨别大于一定面积的地面变化。因此，我们在矢量化变化检测结果时设定一个阈值，面积大于这个阈值的变化认为是有效变化，否则认为是检测噪声，予以剔除。阈值的确定可以根据应用需要和检测影像的地面分辨率来确定，本实验中待检测影像的地面分辨率为3m，矢量化阈值设置为9m²，也就是一个像素对应的地面面积，图1.5.8中蓝色图斑就是根据这一阈值矢量化的结果，白色像素点为剔除的噪声像素。

图 1.5.8　变化检测结果矢量化生成的图斑

为了检验方法的有效性和检测精度，采用内业分析和外业现场调查相结合的方式对变化检测的结果进行核实。对比两个时相图像人工解译的结果，我们发现所有发生变化的地物都包含在变化检测结果图像中，没有漏检。变化矢量图斑进入 GIS 系统，叠合已有的空间信息、规划信息对变化图斑进行分析，发现变化分以下几种类型：

(1)农田变成建筑用地；

(2)大块的旱地变成小块的旱地，种植的农作物类型发生了变化；

(3)池塘变成旱地；

(4)水域的水涯线位置发生了变化；

（5）建筑物拆迁变为绿地。

其中，在农田变成建筑用地这一类型变化中，叠合城市规划审批数据分析，发现有两处建筑物为非法建设，根据图上的坐标位置，利用导航 GPS 牵引到实地查看，核实确为违规建筑。

结合 GIS 数据辅助分析和野外实地调查对典型实验区域的变化情况逐一分析核实，该地区实际变化约为 764883m²，即为 84987 个像素。对检测结果进行统计分析，结果如表 1.5.2 所示。如果排除农作物类型和旱地分割大小的变化，以及水域的水涯线位置变化造成的伪变化，实际变化检测的精度为 80.67%左右。

表 1.5.2　　　　　　　　变化检测结果分析

变化像元数目	占检测到像元总数的比例	变 化 原 因
77338	87.39%	地表发生了实际变化，包括由农作物类型和水涯线变化等造成的变化
5949	6.72%	由农作物类型和水涯线变化等造成的变化，旱地分割大小的变化
5212	5.89%	由于相同地物不同像元灰度值造成的伪变化

检测到的变化像元总数＝88499；实际发生了变化的像元个数＝84987

第2章 图像几何配准误差对变化检测精度影响的分析

在遥感影像变化检测处理过程中，辐射校正和几何配准对变化检测结果有着明显的影响。辐射校正问题在定量遥感中有着大量的研究，而遥感图像变化检测研究中对几何配准问题关注得比较少，大量的研究侧重的是变化检测方法本身，几何配准误差对变化检测结果的影响研究得很少(J. R. G. Townshend et al. ，1992)。一般认为一个像素以内的几何配准精度就可以接受了，然而是否真的对所有的变化检测方法和应用都没影响，或者影响有多大，这需要对几何配准误差与变化检测结果精度之间的关系进行定量分析，探讨误差传播规律。

如果几何配准精度不高，就会使得变化检测时比较的像素或者地物特征实际不是地面上相同位置上的地物，从而检测出虚假变化。这一点已经引起了一些学者的注意，J. R. G. Townshend 等学者(1992)利用 Landsat MSS 图像模拟 MODIS 数据，比较系统地研究了几何配准误差对变化检测结果的影响，然而还有许多方面需要进一步定量分析、完善。全面了解几何配准误差对变化检测结果的定量影响，对于了解变化检测结果的可靠性、提供精度、变化检测方法的选择和研究有着重要的指导意义。

要定量分析几何配准误差与变化检测结果精度之间的关系，需要一个有效的数学描述工具，本书采用空间统计学来对它们之间的关系进行研究。

空间统计学是法国著名数学家、地质学家 G. 马特隆(G. Matheron)教授在南非矿山地质工程师 D. G. 克立格(D. G. Krige)等人工作的基础上，从理论与实践上进行了系统的研究，于 1962 年提出的一门新兴边缘学科，是数学地质的一个独立分支。该学科开始是为了解决矿床从普查勘探、矿山设计到矿山开采整个过程中各种储量计算和误差估计问题而发展起来的工程学科。空间统计学克服了经典统计学在应用于地质变量时存在普遍性和根本性的不足，同时顾及了样本的随机性和空间分布，以变差函数为基本工具，阐述了一整套区域化变量理论。空间统计学 1977 年开始引入我国(王仁铎 胡道光，1988)。

经过 40 多年的发展，空间统计学已经建立了自己较完整的理论基础和方法体系，扩大了应用领域，已经成为能够表征和估计各种自然资源的有力工具，在地质、冶金、化工、环境、生态等领域发挥着重要作用。特别是 20 世纪 80 年代后，空间统计学被应用于遥感和 GIS 等空间信息研究领域，在遥感图像处理、模式识别、定量制图、条件模拟、空间内插、地面最佳采样、误差传播规律测定和空间数据不确定性分析等方面有着广泛应用。空间统计学已经成为空间数据处理和分析的有力工具之一。

本章引入空间统计学理论，在阐述、分析其基本概念和方法的基础上，应用变差函数对几何配准误差对变化检测结果精度的影响进行定量分析，研究误差传播规律。

2.1 区域化变量理论

2.1.1 区域化变量

以空间点 x 的三个直角坐标 x_u，x_v，x_w 为自变量的随机场 $Z(x_u，x_v，x_w) = Z(x)$ 称为一个区域化变量。区域化变量 $Z(x)$ 具有两重含义：观测前，把 $Z(x)$ 看做随机场；观测后，把 $Z(x)$ 看做一个普通的三元实值函数(或空间点函数)。

在地质、采矿领域中许多变量都可以看成是区域化变量。如矿石品位、矿体厚度、累积量、地形标高和海底深度等，这些区域化变量中有的是三维的，有的是二维的。区域化变量是空间统计学研究的对象。

　　区域化变量在数学上有很好的特性，能同时反应地质变量的结构性与随机性。一方面，当空间一点固定之后，$Z(x)$ 就是一个随机变量，这就体现了其随机性；另一方面，在空间两个不同点 x 及 $(x+h)$（此处 h 也是一个三维向量 (h_u, h_v, h_w)，h 的模 $|h|=(h_u^2+h_v^2+h_w^2)^{1/2}$ 表示 x 点与 $(x+h)$ 点的距离）处的品位 $Z(x)$ 与 $Z(x+h)$ 具有某种程度的相关性，这就体现了其结构性的一面。

　　空间统计学理论是从实践中总结、抽象而形成的，针对性强，有很强的应用背景，因此作为空间统计学研究对象的区域化变量具有明显的物理特性：

　　1. 空间局限性

　　区域化变量往往只存在于一定的空间范围内，如品位只限于矿化空间内，这一空间称为区域化变量的几何域。空间局限性还表现在，区域化变量是按几何承载来确定的。如考虑矿石品位时，承载就是具有一定几何形态、规格和方位的样品的体积，品位这个区域化变量就是从这种样品中测出的。如果承载变了，则会得到一个新的区域化变量。

　　2. 不同程度的连续性

　　不同的区域化变量具有不同程度的连续性。如厚度这个区域化变量就具有较强的连续性，而品位这个区域化变量往往只具有平均意义下的连续性。在某种特殊情况下，连这种平均意义下的连续性也不存在，如金品位即使在两个非常靠近的样品中，也可以有很大的差异，不连续，这种现象称为"块金效应"。

　　3. 不同类型的各向异性

　　区域化变量在各个方向上如果性质相同，则称其为各向同性；否则称为各向异性。地质变量往往是各向异性的，而且各向异性的类型也不同。由此可以由区域化变量不同类型的各向异性，很好地反映地质变量的不同类型的各向异性。

　　由于区域化变量具有以上这些不同于纯随机变量的特殊性质，因而仅用经典的概率统计方法是不够的，必须在空间统计学中引入一个具有较强功能和良好性质的基本工具——变差函数，从而较好地研究区域化变量。

2.1.2　变差函数与变差图

变差函数是空间统计学所特有的基本工具。变差函数既能够描述区域化变量的结构性变化，又能够描述其随机性变化，是许多其他空间统计学计算的基础。

对于定义在一维数轴上的区域化变量 $Z(x)$，在 x，$x + h$ 两点处的值之差的方差之半定义为 $Z(x)$ 在 x 轴方向上的一维变差函数，记为

$$\gamma(x, \, h) = \frac{1}{2}\text{Var}[\, Z(x) - Z(x + h)\,] \qquad (2.1.1)$$

即

$$\gamma(x, \, h) = \frac{1}{2}E\,[\, Z(x) - Z(x + h)\,]^2$$

$$- \frac{1}{2}\{E[\, Z(x)\,] - E(Z(x + h))\}^2 \qquad (2.1.2)$$

如果 $Z(x)$ 是定义在二维、三维空间中的区域化变量，则 x 是二维、三维空间中的点，h 是二维、三维空间中的向量。

根据数理统计知识可知，要估计变差函数值，就要能估计数学期望 $E[\, Z(x) - Z(x + h)\,]^2$，而这又必须有若干对 $Z(x)$ 和 $Z(x + h)$ 的值，才可以通过求 $E[\, Z(x) - Z(x + h)\,]^2$ 的平均的办法来估计上述的数学期望。但是，在实际工作中往往只能得到一对这样的数值 $Z(x)$ 和 $Z(x + h)$。因为往往不可能在空间同一点上重复取得两个样品，这就在统计推断上发生了困难。为了克服这个困难，需要对 $Z(x)$ 作一些假设。常用的是二阶平稳假设和作本征假设（intrinsic hypotheses，也称为内蕴假设）。在这两种假设下均有

$$E[\, Z(x + h)\,] = E[\, Z(x)\,] \, \forall \, h \qquad (2.1.3)$$

于是

$$\gamma(x, \, h) = \frac{1}{2}E\,[\, Z(x) - Z(x + h)\,]^2 \qquad (2.1.4)$$

从上式可以看出 $\gamma(x, \, h)$ 一般依赖于 x 和 h 两个自变量的。如果又知道 $\gamma(x, \, h)$ 与 x 取值无关，只依赖于 h（基本步长或基本滞

后），则可以把变差函数 $\gamma(x, h)$ 写成 $\gamma(h)$。此时，以 h 为横坐标，以 $\gamma(h)$ 值为纵坐标作出的图形就称为变差图。从上述定义我们可以看出变差函数和变差图在严格意义上是有区别的。只有当变差函数 $\gamma(x, h)$ 与 x 无关时，这二者才是一样的，只不过是表现的形式不同，一个是函数关系式，另一个是函数的图形。

2.1.3 平稳假设与本征假设

1. 平稳假设

平稳假设分为严格的平稳假设和二阶平稳假设两种。

（1）严格的平稳假设

假设区域化变量 $Z(x)$ 的任意 n 维分布函数均不因空间点 x 发生位移 h 而改变，即

$$F_{x_1, x_2, \cdots, x_n}(z_1, z_2, \cdots, z_n) = P\{Z(x_1) < z_1, Z(x_2) < z_2, \cdots, Z(x_n) < z_n\}$$
$$= P\{Z(x_1 + h) < z_1, Z(x_2 + h) < z_2, \cdots, Z(x_n + h) < z_n\}$$
$$= F_{x_1+h, x_2+h, \cdots, x_n+h}(z_1, z_2, \cdots, z_n), \ \forall n, \ \forall h, \ \forall x_1,$$
$$x_2, \cdots, x_n \tag{2.1.5}$$

这种假设条件要求得太强了，实际上很难满足，且也不好验证，故实际工作中不采用这种假设。在线性空间统计学中，为了统计推断的需要，我们只需假设 $Z(x)$ 的一阶矩、二阶矩存在且平稳就够了。故实际常用另一种弱平稳假设，或称为二阶平稳假设。

（2）二阶平稳假设

当区域化变量 $Z(x)$ 满足下列二条件时，则称其为二阶平稳：

①在整个研究区间内 $Z(x)$ 的数学期望均存在，且等于常数，即

$$E[Z(x)] = m \quad （常数） \quad \forall x \tag{2.1.6}$$

②在整个研究区间内的协方差函数存在且平稳（即只依赖于基本步长 h，而与 x 无关），用式子表达，即

$$\mathrm{Cov}\{Z(x), Z(x+h)\} = E[Z(x)Z(x+h)] - E[Z(x)]E[Z(x+h)]$$
$$= E[Z(x)Z(x+h)] - m^2 = C(h) \quad \forall x, \ \forall h \tag{2.1.7}$$

当 $h = 0$ 时，上式变为

$$\text{Var}[Z(x)] = C(0) \qquad \forall x \qquad (2.1.8)$$

上式说明方差函数存在且为常数 $C(0)$。

但在实际应用中，有时连二阶平稳假设的要求也不能满足（如协方差函数或方差函数不存在等）。这时，可以再放宽要求，于是导致本征假设。

2. 本征假设

当区域化变量 $Z(x)$ 的增量 $[Z(x) - Z(x + h)]$ 满足下列二条件时，称其满足本征假设，或简单地说 $Z(x)$ 是本征的：

（1）在整个研究区内有

$$E[Z(x) - Z(x + h)] = 0 \quad \forall x, \ \forall h \qquad (2.1.9)$$

（2）如果已知 $E[Z(x)]$，$\forall x$ 存在，则此条件等价于

$$E[Z(x)] = E[Z(x + h)] = m(常数) \quad \forall x, \ \forall h$$

$$(2.1.10)$$

增量 $[Z(x) - Z(x + h)]$ 的方差函数存在且平稳（即方差函数不依赖于 x），即

$$
\begin{aligned}
\text{Var}[Z(x) - Z(x + h)] &= E[Z(x) - Z(x + h)]^2 \\
&\quad - \{Z(x) - Z(x + h)\}^2 \\
&= E[Z(x) - Z(x + h)]^2 \\
&= 2\gamma(x, h) = 2\gamma(h) \quad \forall x, \ \forall h
\end{aligned}
$$

$$(2.1.11)$$

从上式可以看出，这第二个条件也就是假设 $Z(x)$ 的变差函数存在且平稳。

3. 准二阶平稳假设及本征假设

在实际应用中，往往是区域化变量 $Z(x)$ 在整个区域内并不满足二阶平稳（或本征）假设，但在有限大小的邻域内是二阶平稳（或本征）的，我们称这样的区域化变量 $Z(x)$ 是准二阶平稳（或本征）的。

这种假设虽是一种折中方案，但在现实中能满足的往往就是这

种假设，而且在实际空间统计学计算中这种假设也够用了。

2.1.4 实验变差函数的计算公式

有了(准)二阶平稳假设或(准)本征假设，就可以给出一维实验变差函数 $\gamma(h)$ 的计算公式了。因为，此时可以把在 x 轴上相隔为 h 的 $N(h)$ 对点 x_i 和 $x_i + h$ ($i = 1, 2, \cdots, N(h)$) 处的 $N(h)$ 对观测值 $Z(x_i)$ 和 $Z(x_i + h)$ ($i = 1, 2, \cdots, N(h)$) 看成是 $Z(x)$ 和 $Z(x + h)$ 的 $N(h)$ 对实现。于是可以用求 $[Z(x_i) - Z(x_i + h)]^2$ 的算术平均值的方法来计算 $\gamma(h)$，即

$$\gamma(h) = \frac{1}{2N(h)} \sum_{i=1}^{N(h)} [Z(x_i) - Z(x_i + h)]^2 \qquad (2.1.12)$$

上式是计算实验变差函数的最基本公式，对于不同的 h 都可以计算出一个相应的 $\gamma(h)$ 值。在以 h 为横轴，$\gamma(h)$ 为纵轴的直角坐标系中标出 ($h, \gamma(h)$)，再用直线段将相邻各点连接起来，就得到实验变差图。对于二维、三维区域化变量有类似的结果，这时 x_i 和 h 是二维、三维向量。

2.2 变差函数及结构分析

为了弥补经典统计学没有考虑各种样品之间的空间位置的缺陷，在空间统计学中引入了变差函数这一有力工具。变差函数能够反映区域化变量的空间变化特征，特别是通过随机性反映区域化变量的结构性，故变差函数也称为结构函数。所谓对区域化变量进行结构分析，其主要内容就是计算实验变差函数，然后拟合一个理论变差函数的模型，并对变差函数进行地质解释。结构分析是空间统计学中所特有的内容，而结构分析的结果又为后面的空间统计学研究打下坚实可靠的基础。

2.2.1 变差函数的性质

在满足本征假设的条件下，变差函数的定义为

$$\gamma(h) = \frac{1}{2}E\left[Z(x) - Z(x+h)\right]^2 \qquad (2.2.1)$$

在二阶平稳假设的前提下，变差函数与协方差函数及方差函数三者之间有关系式 $\gamma(h) = C(0) - C(h)$ 存在。要了解变差函数的性质，先要了解协方差函数的一些性质。

1. 协方差函数 $C(h)$ 的性质

(1) $C(0) \geqslant 0$，即验前方差不小于零。

(2) $C(h) = C(-h)$，即 $C(h)$ 对 $h=0$ 的直线对称。

(3) $|C(h)| \leqslant C(0)$。

(4) 当 $|h| \to \infty$ 时，$C(h) \to 0$，或写成 $C(\infty) = 0$。$C(h)$ 是一个能反映变量 $Z(x)$ 和 $Z(x+h)$ 之间的相关程度的函数，当距离 $|h|$ 变得太大时，这种相关性就消失了，即 $|h| \to \infty$ 时，$C(h) \to 0$。

(5) $C(h)$ 必须是一个非负数（即协方差函数矩阵必须是一个非负定矩阵）。

2. 变差函数 $\gamma(h)$ 的性质

在区域化变量满足二阶平稳假设的条件下，$\gamma(h)$ 存在且平稳，并具有以下性质：

(1) $\gamma(0) = 0$。

(2) $\gamma(h) \geqslant 0$。

(3) $\gamma(-h) = \gamma(h)$。

(4) $[-\gamma(h)]$ 必须是条件非负定函数，即若条件 $\sum_{i=1}^{n} \lambda_i = 0$ 成立，则矩阵 $[-\gamma(x_i - x_j)]$ 为负定阵。

(5) $\gamma(\infty) = C(0)$。

3. 协方差函数 $C(h)$ 与变差函数 $\gamma(h)$ 的关系图

根据关系式 $\gamma(h) = C(0) - C(h)$ 以及上述协方差与变差函数的性质，可以绘制出 $\gamma(h)$、$C(h)$ 与 $C(0)$ 的关系图，如图 2.2.1 所示。由于 $C(h)$ 和 $\gamma(h)$ 均对称于直线 $h = 0$，故我们只需要讨论 $h > 0$ 时的情况，绘制出相应的图形。首先，由协方差函数性质(4) 知，当 $|h| \to \infty$ 时，$C(h) \to 0$。实际上，只要 h 相当大（即存在 a

>0，当 $h \geqslant a$）时，就可使 $C(h) = 0$。此处 a 称为"变程"，a 表示区域化变量从存在空间相关状态（当｜h｜$<a$）时）转向不存在空间相关状态（当｜h｜$>a$ 时）的转折点。于是，$C(a) = 0$，从而

$$\gamma(a) = C(0) - C(a) = C(0)。$$

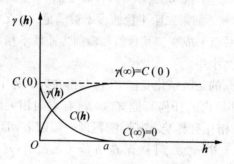

图 2.2.1 协方差函数与变差函数关系

2.2.2 变差函数的结构分析

图 2.2.2 是空间统计学中典型区域化变量的变差图，图中 $C_0 + C$ 称为基台值，C_0 称为"块金常数"（或"块金值"），a 为变程。变差函数不仅是许多空间统计学计算（如估计方差、离散方差、正则化变量的变差函数的计算等）的基础，而且变差函数能够很好地反映或刻画区域化变量结构特性。

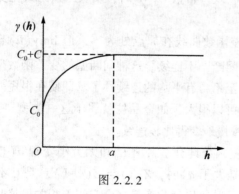

图 2.2.2

41

1. 通过"变程"反映区域化变量的影响范围

变差函数 $\gamma(h)$ 一般从原点处开始，随着 h 的增大而增大。当 h 超过变程 $a(a>0)$ 后，$\gamma(h)$ 就不再继续单调地增大，而往往稳定在一个极限值 $\gamma(\infty)$（基台值）附近。当满足二阶平稳假设条件，且 $C(\infty)=0$ 时，有 $\gamma(\infty)=C(0)=\mathrm{Var}[Z(x)]$，即基台值就等于 $Z(x)$ 的验前方差。如果二阶平稳假设不被满足，或 $C(\infty)=0$ 不成立时，上述关系就不成立，基台值和验前方差就不相等，基台值有时大些，有时又小些。

变程 a 刻画的是区域化变量 $Z(x)$ 与落在以 x 为中心，以 a（变程）为半径的邻域内的任何其他 $Z(x+h)$ 有空间相关性，或者说 $Z(x)$ 与 $Z(x+h)$ 相互有影响。其影响程度一般随着两点间距离的增大而减弱。当 $|h|\geq a$ 时，有 $C(h)=0$，此时 $\gamma(h)=C(0)-C(h)=C(0)=\gamma(\infty)$。故当两点间距离 h 大于等于 a 时，$Z(x)$ 与 $Z(x+h)$ 就不存在空间相关性了，或者说这二者相互间就没有影响了。

2. 变差函数在原点处的性状反映区域化变量的空间连续性

变差函数在原点处的性状反映了区域化变量不同程度的空间连续性：

(1) 当变差函数曲线在原点处趋向于一条抛物线，块金常数 $C_0=0$ 时，反映出该区域化变量是有高度连续性的。

(2) 当变差函数曲线在原点处趋向于一条直线，或者说在原点处有切线存在，块金常数 $C_0=0$ 时，反映出该区域化变量是有平均的连续性。

(3) 当变差函数曲线在原点处为零，但 $\lim\limits_{h\to 0}\gamma(h)=C_0>0$ 时，表明在原点处间断，不连续。这种间断型的变差函数反映了变量的连续性差，甚至不再有平均的连续性了。即使在很短的距离上，变量值的差异也可以很大，如金品位就属于这一类型。当 h 变大时，$\gamma(h)$ 又可能慢慢地变得比较连续。

(4) 当变差函数具有基台值 C_0 和无穷小变程 a（也就是无论 h 多么小，h 总是大于 a）时，$Z(x)$ 与 $Z(x+h)$ 总是互不相关的。这种纯块金效应反映了区域化变量完全空间不相关，这时就转变成经典统计学中的随机变量，$Z(x)$ 与 $Z(x+h)$ 可以看做独立的随机变量。

3. 不同方向上的变差图反映区域化变量的各向异性

通过作出各个方向上的变差图，并把它们放在一起来比较、分析、研究，就可以确定区域化变量的各向异性（包括有无各向异性，及各向异性的类型等）。特别地，如果 $Z(x)$ 在各个方向上的变差图均基本相同，则可以认为 $Z(x)$ 是各向同性的。这时，我们就可以用一个统一的变差函数 $\gamma(h)$ 来表示各个不同方向的变差函数了。

总之，变程大小反映了区域化变量结构大小和相关范围；基台值大小反映了区域化变量在该方向上变化幅度的大小；块金常数大小反映了区域化变量的随机性大小。

值得注意的是，虽然变差函数中的 h 本来的意义是空间上的距离，但从数学上理解却没有这样的局限性。变差函数通过 h 来反映区域化变量的结构性，也就是样本之间的相关性，所以 h 可以是任何反映区域化变量结构性的描述量。具体到遥感图像处理与分析中，h 可以是空间距离，也可以是图像特征距离，还可以是图像光谱波长距离，等等，这也是空间统计学能够得以广泛应用的原因。

2.3 基于空间统计学的图像几何配准误差对变化检测精度影响的定量描述方法

2.3.1 不同时相图像的配准

把不同时相的图像纳入到同一空间框架下，从而实现几何位置配准是基于图像的变化检测的基本要求。实现图像几何配准一般来讲有两种方法，一是以一个时相的遥感图像为参考，另外时相的图像相对参考图像进行配准；二是不同时相的遥感图像都经过几何纠正纳入到统一的空间框架下，如同一地面坐标系统，从而实现几何配准的目的。不同图像之间的几何差异可以分解为平移、旋转、缩放、扭曲等不同类型的变形，在数学上可以用不同的解析模型来表达这些类型的变换，如多项式、成像共线方程和仿射变换等。

1. 共线方程

$$x - f = \frac{a_{11}(X - X_S) + a_{21}(Y - Y_S) + a_{31}(Z - Z_S)}{a_{13}(X - X_S) + a_{23}(Y - Y_S) + a_{33}(Z - Z_S)} \quad (2.3.1)$$

$$y - f = \frac{a_{12}(X - X_S) + a_{22}(Y - Y_S) + a_{32}(Z - Z_S)}{a_{13}(X - X_S) + a_{23}(Y - Y_S) + a_{33}(Z - Z_S)} \quad (2.3.2)$$

式中：x，y 为地物点的图像坐标；X，Y，Z 为地物点地面坐标；f 为传感器的焦距；X_S，Y_S，Z_S 为传感器在地面坐标系统中的坐标；a_{ij} 为传感器姿态角 ϕ，ω，κ 的函数。传感器坐标和姿态角统称为传感器外方位元素。

2. 多项式方程

$$x = a_0 + a_1 X + a_2 Y + a_3 X^2 + a_4 XY + a_5 Y^2 + \cdots \quad (2.3.3)$$

$$y = b_0 + b_1 X + b_2 Y + b_3 X^2 + b_4 XY + b_5 Y^2 + \cdots \quad (2.3.4)$$

式中：x，y 是像素原始图像的坐标；X，Y 是同名像素的地面坐标。

3. 仿射变换

$$x = a_0 + a_1 X + a_2 Y \quad (2.3.5)$$

$$y = b_0 + b_1 X + b_2 Y \quad (2.3.6)$$

式中：x，y 是像素原始图像的坐标；X，Y 是同名像素的地面坐标。

实际应用时根据不同几何畸变情况分别采用不同几何配准模型。本书实验图像大小为 256×256 像素，在这样小的区域内，图像之间的几何变形用仿射变换就可以拟合。

图像匹配是利用有限的控制点经过最小二乘解算几何模型参数，然后对每个像素计算纠正后的坐标。图像几何配准的精度一般用中误差（RMS）来表示，RMS 受控制点和几何模型描述精度的影响，而在实际处理过程中比较复杂，往往难以达到很高的精度，图像几何配准精度在一个像素左右，一般就认为可以接受了。因而，在后面的讨论中，一个像素左右的几何配准精度对变化检测结果的定量影响是我们关注的重点。

为了便于定量化研究，这里我们假设图像之间的几何配准误差在图像中是平均分布的。图像之间的配准误差可以把经过 GCP（地面控制点）精确配准（中误差小于半个像素）好的一幅图像相对自己沿某一方向移动来模拟。没有移动时两图像灰度之间的差异，我们定义为同一地区不同时相之间的实际变化，当然这种变化中包含了由于大气传输条件、太阳高度角和季节变化等因素造成的伪变化，我们忽略这些伪变化，因为不会影响我们对几何配准误差造成的伪变化的定量研究。几何配准误差造成的伪变化分为两类：一类是新增的假变化；另一类是消失的真实变化。本节将用空间统计学中的变差函数来定量描述几何配准误差对变化检测精度的影响，研究一种基于相同阈值的分析方法来区分不同类型的伪变化，并对不同类型伪变化的数量进行统计分析。

为了消除不同时相影像变化检测中大气传输条件、季节和太阳高度角等外在因素造成的虚假变化，我们将某一时期的影像相对自身做变化检测，通过相对自身移动来模拟几何配准误差。当几何配准误差为零时，图像之间配准得非常理想，这时变化检测结果为零，图像之间没有变化。当图像之间存在几何配准误差时，就会造成图像之间的灰度差异，从而检测到变化。基于以上思想，我们对TM、QUICKBIRD 和 SPOT5 这几种常用的遥感图像数据进行研究，分析图像几何配准误差对这些数据的不同波段、不同时期和不同地物类型图像变化检测结果的定量影响。

分析几何配准误差对 TM 和 SPOT4 两个不同时相的遥感图像变化检测结果的定量影响时，我们先以一个时相的影像为参考，采用 GCP 对另一个时期的影像进行纠正配准（配准精度小于半个像素），再把经过配准的图像相对自己移动，模拟不同程度的几何配准误差。经过精确几何配准的两个时相图像灰度之间的差异是包含辐射配准误差的实际地物变化。具体到模拟几何配准误差的图像与参考时相图像之间的灰度差异中，包含了地物的实际变化、新增的伪变化和由于几何配准误差而消失的实际变化。

在生成几何配准误差时，采用图像在 X 和 Y 方向上同时移动，移动的步长为 0.25 个像素，通过灰度线性内插方法来获取 0.25 个像素。

在模拟图像几何配准误差时，假设图像灰度分布是一个周期函数，其周期为图像大小，即

$$X(i, j) = X(i + M, j + N) \qquad (2.3.7)$$

式中，$X(i, j)$ 为图像上某点的像素灰度值；M，N 分别为图像的宽和高。边缘像素的处理采用周期延拓的方法。

2.3.2　图像灰度匹配

对于不同时相的遥感数据进行变化检测的前提假设是遥感图像上的灰度值经过校正后和实际的地面情况存在一一对应的关系，相同的地物具有相同的灰度。然而，实际获取的数据常常由于传感器状态不同、季节不同、大气条件不同、太阳角度不同等，造成不同时相的图像上相同地物灰度值不同。由于这些因素的影响，这就需要对遥感图像的灰度进行校正处理，使得在同一研究中，相同的地物的灰度值相同，相同的灰度有相同的意义，实际工作中应消除或最小化非地面地物实际变化而产生的图像灰度变化。图像辐射绝对校正、相对校正的方法很多，其中最简单的灰度归一化方法就是直方图灰度匹配。我们假设图像数据服从高斯正态分布，所以只要匹配两幅图像的均值和方差，使得待匹配的图像和参考图像具有相同的均值和方差。

2.3.3　基于空间统计学的变化定量描述方法

遥感影像是地表地物目标的成像，像素灰度值既有一定的随机性，又与地物的结构有关，反映出一定的结构性，是空间统计学中的区域化变量。为弥补经典统计学中没有考虑各样本的空间位置缺陷，在空间统计学中引入了变差函数这一有力工具。变差函数能够通过样本的随机性反映区域化变量的结构性。为此，我们采用变差函数和变差图来描述变化检测结果与几何配准误差之间的定量关系，分析其中的传播规律。

变差函数可以定义为两幅配准了的图像，其中一幅图像上每个

像素 $X(i, j)$ 灰度与另一幅图像上相应像素 $X(i+h, j+l)$ 灰度差的平方和与两倍图像大小的商，用数学解析式表达为

$$SV(h, l) = \frac{\sum\limits_{i=1}^{m} \sum\limits_{j=1}^{n} \left[X(i, j) - X(i + h, j + l) \right]^2}{2mn} \quad (2.3.8)$$

式中，m 和 n 分别是图像行数和列数，$X(i, j)$ 和 $X(i+h, j+l)$ 分别表示不同图像位置上相应的图像灰度值，h 和 l 分别表示在 X 和 Y 方向上的配准误差(单位为像素)。

为了便于统计上的推断，我们假设图像上的像素灰度满足二阶平稳假设，即

(1)区域化变量 $X(i, j)$ 在研究区域内数学期望均存在，且等于常数

$$E[X(i, j)] = m(常数) \quad (2.3.9)$$

(2)区域化变量 $X(i, j)$ 在研究区域内协方差函数存在且平稳

$$\text{Cov}\{(X(i, j), X(i + h, j + l)\}$$
$$= E[X(i, j)X(i + h, j + l)] - E[X(i, j)]E[X(i + h, j + l)]$$
$$= E[X(i, j)X(i + h, j + l)] - m^2 = C(h, l)$$
$$(2.3.10)$$

当 $h=0$, $l=0$ 时，就是区域化变量的方差 $\text{Var}(X(i, j)) = C(0, 0)$。进而可以推导出

$$\text{SV}(h, l) = C(0, 0) - C(h, l) \quad (2.3.11)$$

从上式可以看出变差函数的大小与图像方差和图像间协方差有关，图像的方差在数学上刻画的是图像像素灰度值的离散度，同质区域灰度离散度小，方差小，地物细节丰富的区域灰度离散度大，方差大。因此，在相同的几何配准误差的情况下，图像地物细节丰富程度不同，对变化检测结果的影响会不同。从图像间的协方差我们可以看出，当配准误差增大到超过一定的阈值时，被检测的两幅图像不相关了，则变差函数的大小就与图像的方差相等，达到最大值。

定义下式来描述由于几何配准误差而造成的伪变化比率

$$P(h, l) = \frac{\text{SV}(h, l) - \text{SV}(0, 0)}{\text{SV}(0, 0)} \times 100\% \quad (2.3.12)$$

式中，$P(h, l)$ 表示伪变化增加的百分比，$SV(h, l)$ 表示在 X 和 Y 方向上存在 h 和 l 个像素几何配准误差的情况下计算得到的变差函数值，$SV(0, 0)$ 表示没有(或很小)几何配准误差的条件下计算得到的变差函数值。

2.3.4　不同类型伪变化的区分方法

不同时相的遥感影像几何配准误差会产生虚假的变化信息，这种伪变化有两种形式：新增加的虚假变化信息和消失的真实变化信息。为了全面了解几何配准误差对变化检测结果的影响，有必要区分新增加的伪变化信息，消失的变化信息和保留的真实变化信息。

对经过高精度配准的不同时相的遥感影像，以其中一幅为基准进行灰度匹配，计算灰度差值，当灰度差值大于预先给定的阈值 T 时，就认为发生了变化，统计发生变化了的像素个数，作为地面上真实的变化，公式表达为

$$\Delta X(i, j) = X(i, j) - X(i + h, j + l) \qquad (2.3.13)$$

$$\Delta X(i, j) = \begin{cases} \geq T & \text{发生变化了} \\ \leq T & \text{未发生变化} \end{cases} \qquad (2.3.14)$$

式中，ΔX 表示图像灰度差，$X(i, j)$ 和 $X(i+h, j+l)$ 分别表示两幅有几何配准误差的不同时相图像的像素灰度值。

增大几何配准误差，比较不同时相的图像灰度差，对于相同的阈值，统计灰度变化情况，当原来没有变化的地方出现了新的变化时，这样的像素统计为新出现的伪变化；当原来有变化的地方消失了，这样的像素统计为消失了的实际变化；当原来有变化的地方仍然出现了变化时，这样的像素统计为保留下来的真实变化。为了便于计算公式的表达，我们设 C_t 为增大几何配准误差之前检测到的真实变化的像素集合，C_{ta} 为增大几何配准误差后检测到的变化像素集合(其中包括增大几何配准误差后新增加的伪变化像素集合 C_{fi} 和保留的实际变化像素集合 C_{tk})，C_{fd} 为增大几何配准误差后消失的实际变化像素集合。它们之间的关系可以表示为

$$C_{tk} = C_t \cap C_{ta} \qquad (2.3.15)$$

$$C_{fi} = \{c\}, \qquad c \in C_{ta} \text{ 且 } c \notin C_t \qquad (2.3.16)$$

$$C_{fd} = \{c\}, \qquad c \in C_t \text{ 且 } c \notin C_{ta} \qquad (2.3.17)$$

基于以上定义和分析，我们定义一些指标来定量描述几何配准误差对变化检测结果带来的影响。

（1）增大几何配准误差后变化增加百分比率

$$P_{ta} = \frac{C_{ta} - C_t}{C_t} \times 100\% \qquad (2.3.18)$$

（2）实际变化保留百分比率

$$P_{tk} = \frac{C_{tk}}{C_{ta}} \times 100\% \qquad (2.3.19)$$

（3）新增加的伪变化百分比率

$$P_{fi} = \frac{C_{fi}}{C_{ta}} \times 100\% \qquad (2.3.20)$$

（4）消失的实际变化的百分比率

$$P_{fd} = \frac{C_{fd}}{C_{ta}} \times 100\% \qquad (2.3.21)$$

2.4　实验与分析

2.4.1　实验区域和数据

针对 2.3 节中论述的图像几何配准误差对变化检测影响的定量描述方法，结合实际能收集的数据情况，我们分别采用两套数据进行实验。一套是武汉地区 2003 年 8 月 SPOT5、2002 年 7 月 QUICKBIRD 和 1999 年 12 月 TM 数据，这套数据集用来研究几何配准误差对不同图像不同波段变化检测结果的定量影响；另一套是 1999 年 12 月、2002 年 7 月两个时相的 TM 数据和 1999 年 7 月、2002 年 8 月两个时相的 SPOT4 全色遥感图像，不同时相的 TM 和 SPOT 数据用来研究几何配准误差造成的伪变化数量和类型。为了研究不同类型地物变化检测时对几何配准误差影响的敏感程度，除

TM 第六波段数据外，对每个数据集分别选取 256×256 像素大小的城区、城郊、植被、水和农田等 5 类典型地物覆盖图像进行实验分析。不同类型遥感图像的参数、波谱特性如表 2.4.1 所示，研究区域图像如图 2.4.1~图 2.4.7 所示。不同地物类型图像的特性如表 2.4.2 所示。

表 2.4.1　几种光学遥感卫星影像参数和波谱特性

Landsat 7 ETM+	波长/μm	地面分辨率/m
Band1	0.45~0.52	30
Band2	0.53~0.61	30
Band3	0.63~0.69	30
Band4	0.78~0.90	30
Band5	1.55~1.75	30
Band6	10.40~12.50	60
Band7	2.09~2.35	30
Band8(全色)	0.52~0.90	15
SPOT4（SPOT5）	波长/μm	地面分辨率/m
Band1	0.50~0.59	20
Band2	0.61~0.68	20
Band3	0.78~0.89	20
Band4	1.58~1.75	20
全色	0.48~0.71	10
QUICKBIRD(IKONOS)	波长/μm	地面分辨率/m
Band1	0.45~0.52	2.44
Band2	0.52~0.60	2.44
Band3	0.63~0.69	2.44
Band4	0.76~0.90	2.44
全色	0.445~0.90	0.61

表 2.4.2   不同类型图像的特点

图像类型	主要地物类型
城郊	稀疏的建筑物，以农田和绿地为主
城区	密集的建筑物
农田	长有庄稼和没有庄稼的农田、旱地
山	稠密的植被
水域	水

（a）城郊   （b）城区   （c）农田

（d）山   （e）水域

图 2.4.1   不同类型研究区域的 1999 年 TM 多光谱图像(以 band4 为例)

（a）城郊　　　　　　（b）城区　　　　　　（c）农田

（d）山　　　　　　　（e）水域

图 2.4.2　不同类型研究区域的 1999 年 TM 全色图像

（a）城郊　　　　　　（b）城区　　　　　　（c）农田

（d）山　　　　　　　（e）水域

图 2.4.3　不同类型研究区域的 2002 年 QUICKBIRD 多光谱图像（以 band1 为例）

（a）城郊   （b）城区   （c）农田

（d）山   （e）水域

图 2.4.4　不同类型研究区域的 2002 年 QUICKBIRD 全色图像

（a）城郊   （b）城区   （c）农田

（d）山   （e）水域

图 2.4.5　不同类型研究区域的 2003 年 SPOT5 多光谱图像（以 band1 为例）

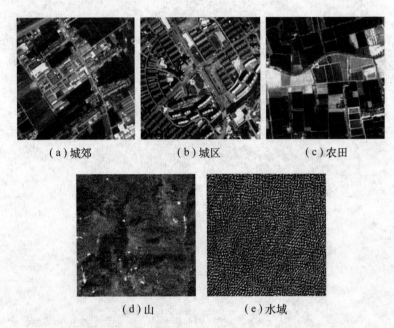

（a）城郊 　　　　（b）城区 　　　　（c）农田

（d）山 　　　　（e）水域

图 2.4.6　不同类型研究区域的 2003 年 SPOT5 全色图像

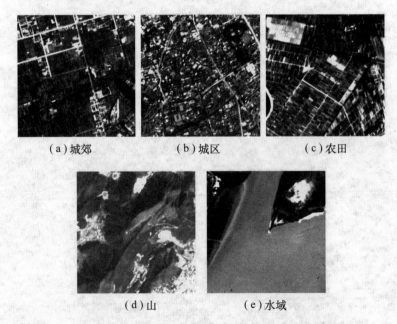

（a）城郊 　　　　（b）城区 　　　　（c）农田

（d）山 　　　　（e）水域

图 2.4.7　不同类型研究区域的 1999 年 SPOT4 全色图像

2.4.2 几何配准误差对不同光谱段图像变化检测结果的定量 影响

遥感图像波段选择不仅是光谱特征分类中的重要问题，也是变化检测中的关键步骤。不同的地物在不同的物理波谱段具有不同的光谱特性，反映在图像上就是地物信息的差异。根据应用目的和人们感兴趣的目标，选择适当的光谱段图像，对于提高变化检测结果的精度是十分重要的。研究、分析相同精度的几何配准误差对不同光谱段图像的变化检测的定量影响，从而了解变化检测结果的精度和可靠性，是十分必要的。

为了研究、分析几何配准误差对不同类型图像的不同波段变化检测结果的定量影响，我们选择具有代表性的 Landsat7 ETM+ 1、2、3、4、5 和 7 波段图像，SPOT5 的 1、2、3 波段图像，以及 QUICKBIRD 的多光谱图像，把每幅图像相对于自己沿对角线方向依次移动 1~10 个像素(X 和 Y 方向同时移动 1~10 个像素，步长为 0.25 个像素，为了叙述方便以下误差的大小是指 X 或 Y 方向上的)，生成具有不同几何配准误差的图像。以变差函数值为纵轴，几何配准误差为横轴，绘制出变差图。

1. LandSat 7 ETM+多光谱图像分析

图 2.4.8 分别描绘了 Landsat7 ETM+ 1、2、3、4、5 和 7 波段图像在不同类型(城郊、城区、农田、山和水域)研究区域的变差图，从图 2.4.8 中我们可以看出所有的变差图像与理论预测的趋势一致，开始变化检测误差随着几何配准误差的增大而增大，当误差达到一定大小(即变程)时变化检测误差趋向平稳，变程不同是因为图像中地物结构性大小不同。从图 2.4.8 中可以看出，在相同的几何配准精度条件下，第 5 波段最敏感，造成的假变化最多，其次是第 7、4、3、2 和 1 波段，这一点与第 5 波段是短波红外图像信息丰富有关。相同的波段图像在不同地物类型区域(城郊、城区、农田、山和水)敏感程度不同。

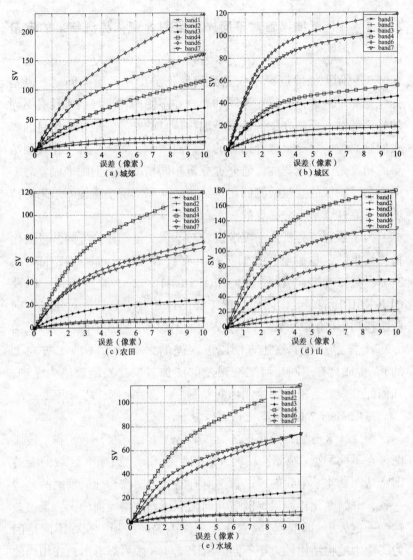

图 2.4.8　Landsat7 不同波段图像不同类型区域变差图

2. SPOT5 多光谱图像分析

图 2.4.9 中分别描绘了 SPOT5 1、2、3、4 波段图像在不同类型(城郊、城区、农田、山和水域)研究区域的变差图。从图 2.4.9

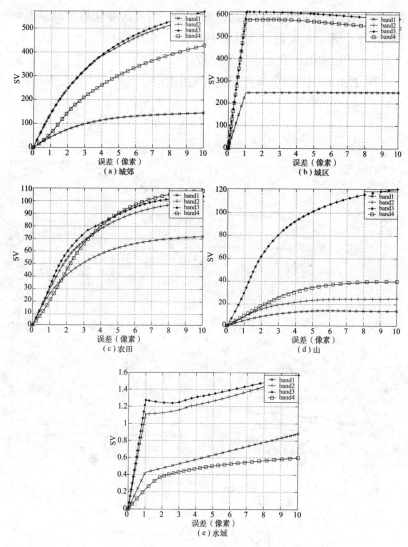

图 2.4.9　SPOT5 不同波段图像不同类型区域变差图

中可以看出几何配准误差对波段 3 的变化检测结果影响最大，也就是说波段 3 对其最敏感，在城郊、城区和水域，其次是波段 2，波段 2 和波段 3 在城区表现十分接近，在图 2.4.9(b)中两条曲线基本重合，而在农田和山区则其次是波段 4，这与红外波段对植被敏感这一物理光谱特性相关。几何配准误差对城区变化检测结果影响最大，1 个像素误差使得变化检测误差增加了 600。

3. QUICKBIRD 多光谱图像分析

图 2.4.10 中分别描绘了 QUICKBIRD 1、2、3、4 波段图像在

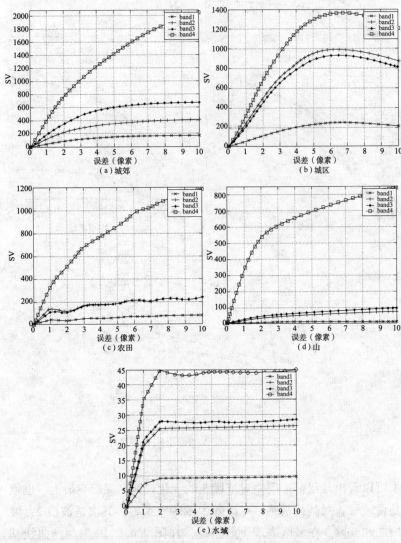

图 2.4.10 QUICKBIRD 不同波段图像不同类型区域变差图

不同类型(城郊、城区、农田、山和水域)研究区域的变差图,从图 2.4.10 中可以看出几何配准误差对波段 4 的变化检测结果影响最大,2、3 波段次之。

从上面的分析可以看出由于光谱特征不同,不同光谱段图像的信息丰富程度不同,使得同一传感器的不同波段影像的变化检测结果对几何配准误差的敏感程度不同。几何配准误差对变化检测结果的影响与地物类型相关,对不同类型传感器影像的影响程度不太相同。通过定量分析,我们发现用 LandSat 7、SPOT 和 QUICKBIRD 多光谱图像进行变化检测时,其第 5 波段、3 波段和 4 波段最敏感。

2.4.3 几何配准误差对不同地物类型图像变化检测结果的定量影响

从 2.4.2 节中可以看出相同几何配准误差对同波段不同地物类型图像影响不同,为了具体研究、分析这一影响,我们选择 ETM+5 波段图像、ETM+全色图像、SPOT5 和 QUICKBIRD 全色图像进行实验。之所以选择全色图像进行实验,是因为全色图像分辨率高,在实际应用中常常用做局部区域变化检测的数据源。

从上述不同传感器不同地物类型图像的变差图,可以看出在城区和城郊地物细节丰富的地区,几何配准误差对变化检测结果的影响较大,特别是城区。对于红外图像(如 ETM+第 5 波段),当地物中植被比较丰富时,其变化检测结果受几何配准误差影响也很大。就影响的数值而言,几何分辨率越高,对配准误差影响越大。如图 2.4.11~图 2.3.14 所示。

2.4.4 几何配准误差对不同时相图像变化检测结果的定量影响分析

用两个不同时相的 ETM+第 5 波段和 SPOT4 全色图像,来讨论几何配准误差对变化检测结果的影响。实验样区不同时相可能发生的变化如表 2.4.3 所示。

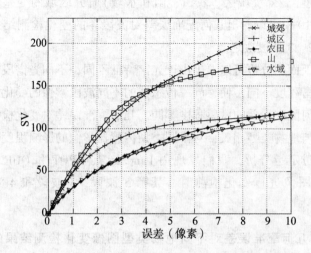

图 2.4.11　LandSat7 第 5 波段图像不同地物类型变差函数图

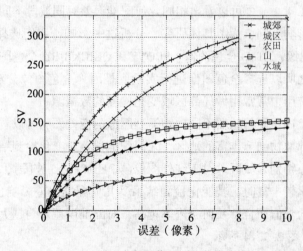

图 2.4.12　LandSat7 全色图像不同地物类型变差函数图

　　为了讨论简单起见，我们把两个时相图像经过辐射配准后，残留的由于非地物变化引起的图像辐射差异看做实际地物变化，这样处理不会影响最后的分析结果。

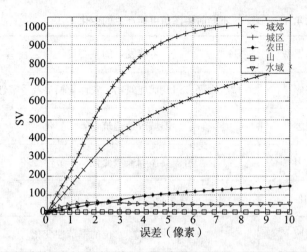

图 2.4.13　SPOT5 全色图像不同地物类型变差函数图

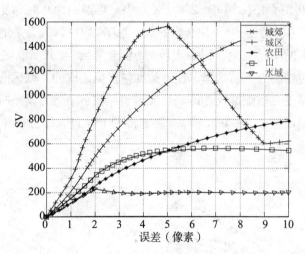

图 2.4.14　QUICKBIRD 全色图像不同地物类型变差函数图

　　图 2.4.15 和图 2.4.16 分别为 ETM+第 5 波段和 SPOT4 全色图像实验的结果，图 2.4.15、图 2.4.16 的图(a)和(b)分别表示变差函数值的绝对值和变化百分比。

表 2.4.3　　　　　　　　　不同时相图像可能产生的变化

图像类型	可能发生的主要变化
城郊	城区发展农田变成建筑物，农作物长势及季节性变化
城区	旧城改造建筑物类型变化
农田	植被类型和长势变化，季节性变化
山	植被长势变化，季节性变化
水域	水质变化、水位的季节性变化

在图 2.4.15(a)和图 2.4.16(a)中，当误差为 0 时，变差函数值不等于 0，而是一个"块金常数"，这个常数可以认为是地物在两个时相内的实际变化。图中水域的"块金常数"比较大，是因为几何配准时控制点不易选择，使得配准精度低造成的。城区图像变化检测结果受几何配准误差影响最大，当存在一个像素误差时，虚假变化分别增强了 78.4%(ETM+第 5 波段)和 119%(SPOT4 全色图像)。

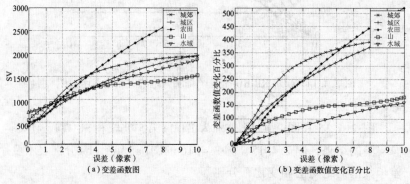

(a)变差函数图　　　　(b)变差函数值变化百分比

图 2.4.15　不同时相 ETM+第 5 波段图像

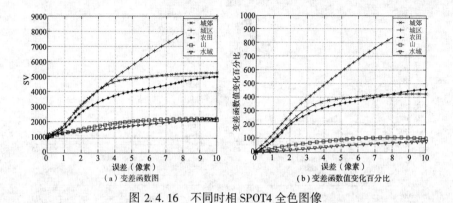

（a）变差函数图   （b）变差函数值变化百分比

图 2.4.16　不同时相 SPOT4 全色图像

2.4.5　不同时相图像变化检测结果中伪变化类型的定量分析

变差函数只能从统计上定量描述几何配准误差对变化检测结果的影响，这种影响包含两部分：一是地面实际的变化；二是由于几何配准误差造成的伪变化。实际上，几何配准误差会给变化检测结果带来正、负两方面的影响，即实际没有变化的地方会产生变化，实际上存在的变化有可能消失。一般基于图像灰度比较的变化检测方法无法区分正、负伪变化，原因在于当几何配准误差存在时，实际处理的不是同名像素。

为了进一步研究几何配准误差对变化检测结果的定量影响，我们有必要对正、负不同类型的伪变化进行分析。在实验分析中采用的数据以及对数据的处理方法与2.3.4节中的相同，应用2.3.4节中提出的方法区分不同类型的伪变化。

图 2.4.17 和图 2.4.18 中的结果就是变化阈值设定为 60 时的两个时相的 ETM+第 5 波段和 SPOT4 全色图像变化检测的结果。

从图 2.4.17 中我们可以看出在五种类型的实验区中，当存在 1 个像素的几何配准误差时，检测精度分别下降到 44.5%（城郊）、42.3%（城区）、47%（农田）、48%（山）和 42%（水域），对比图 2.4.18 中的 SPOT4 全色图像，检测精度也都下降到 45% 左右。造

63

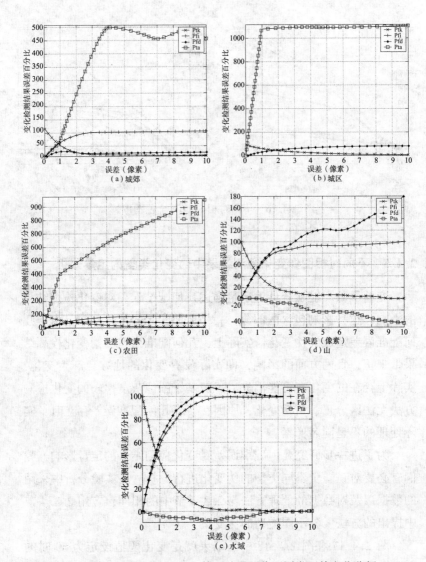

图 2.4.17　不同时相 ETM+第 5 波段图像不同类型伪变化分析

成变化检测精度迅速下降的原因，是由于伪变化的增加和真实变化的消失。如果变化检测精度下降到45%为 1 个像素几何配准误差对其影响的平均值，采用线性内插方法，我们可以得出对于 90% 检测精度，要求图像几何配准误差至少要小于 0.22 个像素。

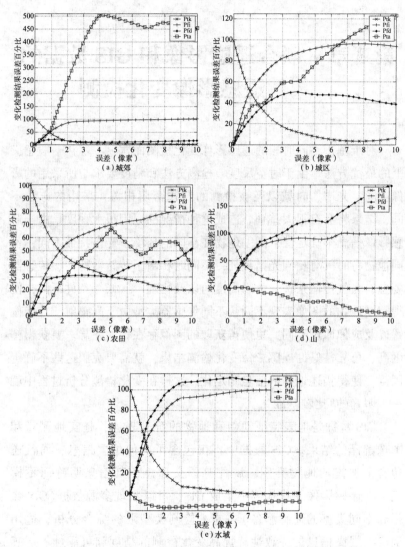

图 2.4.18　不同时相 SPOT4 全色图像不同类型伪变化分析

第 3 章　联合遥感影像和 GIS 数据的
遥感影像变化检测

对于基于不同时相的遥感影像变化检测而言，不存在一般意义上的最优方法。由于时空尺度、检测方法和精度要求与所采用的影像空间、光谱、时域以及被检测的专题密切相关，采用的方法不同，结果将会有很大差别。造成这种情况的原因很大程度是由于遥感影像信息不确定性，同一地物在不同的环境下光谱特征不同，不同地物有时具有相同光谱特征；不同时相由于传感器特性、传感器姿态、大气传输条件、太阳高度角以及物理、气候等条件不同，使得相同地物的图像表现不同；不同传感器类型由于其辐射、几何位置以及成像原理不同，也使得获取的图像存在很大差异。要获得精度高、可靠性好的遥感影像变化检测结果，就需要克服这些不确定因素，使得描述地物的信息确定化，这样在变化检测分析过程中就有了明确的"比较基准"。

GIS 数据是地表特征地貌和地物的符号表达，是实地测量和图像解译的结果。GIS 数据中不仅包含了几何位置信息，而且还包含了丰富的地物类别、属性等语义信息，其信息明确而不模糊。在遥感影像变化检测中集成 GIS，可以实现多源数据（GIS 数据和不同类型的遥感影像）在同一检测模型下的综合分析，适用面广，提高信息的一致性，提高变化检测的精度和可靠性。遥感影像与 GIS 集成变化检测分析是遥感影像变化检测研究的发展方向（D. Lu et al.，2004）。

3.1 遥感与 GIS 集成的变化检测概念和方法分类

3.1.1 遥感与 GIS 集成变化检测概念和方法分类

20 世纪 90 年代以来，随着遥感技术的进步和 GIS 在城市、农业、土地、环境、规划等涉及空间信息行业的广泛应用，遥感与 GIS 集成研究倍受国内外学者的关注(李德仁、关泽群，2000)。遥感与 GIS 集成在形式和方式上可以分成三类：其一，直接将遥感影像或者将经过信息选取、分类等处理后的特征图像纳入 GIS 中；其二，将 GIS 经过格式转换成图像，把 GIS 纳入到图像处理系统中；其三，在图像处理或 GIS 分析中直接利用 GIS 或图像处理功能。第一、二种集成方法是通过栅格-矢量或矢量-栅格格式转换来实现的。把图像直接纳入 GIS 中或把 GIS 经过转换纳入到图像处理系统中，是 GIS 与图像在低层次(像素级)的结合，经过信息提取后的结果与 GIS 的结合则表现在中、高级层次上。目前遥感与 GIS 的集成主要集中在第一、二类，其借用的是图层叠置分析的思想，在 GIS 分析或图像处理过程中以图像或 GIS 为背景。第一、二类集成方式在软件实现上，只需要分别独立运用现有的 GIS 和遥感图像处理软件就可以实现。像第三类这样的高层次集成方式需要进一步研究，需要开发专业软件来实现。

遥感与 GIS 集成变化检测也属于遥感与 GIS 集成研究范畴，目前遥感与 GIS 集成的变化检测方法按照参加处理的数据源的类型可以分为两类：其一，新、旧两个时相的遥感图像和与旧时相 GIS 数据；其二，新的遥感影像和旧的 GIS 数据。例如，Marie-Flavie 等(2001)提出了基于优化的 snake 算法的道路提取和道路数据库更新的方法，眭海刚(2002)研究了基于缓冲区的变化检测方法。这两类遥感与 GIS 集成变化检测的概念框图如图 3.1.1 所示。在第一类方法中通过新、旧两个时相的遥感影像利用基于图像的变化检测方法去除没有变化的背景，生成由可能发生变化的地物像素组成的变化图像。通过栅格矢量转换以矢量的形式表达图像变化检测结果，

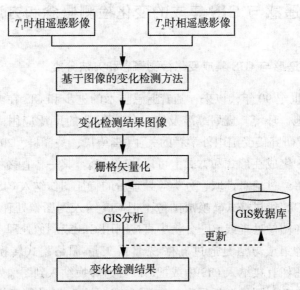

（a）第一类遥感与GIS集成变化检测方法概念框架

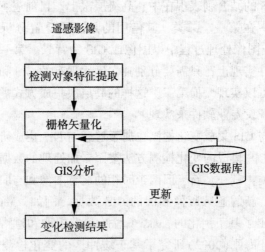

（b）第二类遥感与GIS集成变化检测方法概念框架

图 3.1.1 遥感与 GIS 集成变化检测方法概念框架

以 GIS 数据为背景，进行叠置，对变化检测结果进一步分析、解译。这类方法结合了基于图像的变化检测方法和 GIS 分析功能，要求旧时相的遥感影像和 GIS 数据具有相同的时相，也就是说它们之间要求地物没有变化。这类方法检测的结果取决于基于图像的变化检测结果和 GIS 集成分析结果。第二类方法以 GIS 数据为基准时相，用新的遥感影像来检测其变化。遥感影像是地表的真实灰度来反映，而 GIS 数据是用制图符号来抽象表示特征地貌和地物，要实现利用现势遥感影像自动检测 GIS 数据中的变化，只能在特征层或决策级进行(Brian et al.，2002；R. Thomas，2002)。为此，先要从遥感影像上提取检测对象，再转换成与 GIS 数据一致的矢量进行变化分析。这类方法的关键在于如何精确、有效、快速地从遥感影像上提取检测对象特征。

总的来看，目前的遥感与 GIS 集成变化检测研究有待于进一步深入，与整个遥感与 GIS 集成研究一样，还处在层次比较低的阶段(李德仁，关泽群，2000)。

3.1.2 遥感与 GIS 集成变化检测方法的优点和存在的问题

遥感与 GIS 集成分析是遥感影像变化检测发展方向之一(D. Lu et al.，2004)，该方法能够克服基于图像变化检测方法无法克服的缺点，随着高分辨率影像的广泛应用和各种专题 GIS 建设和完善，其优势显现得更为明显，具体如下：

1. 变化检测结果的可靠性增强

从表面上看，遥感影像与 GIS 数据的主要差别为栅格数据与矢量数据的差别，而实际上更深层次上的差别主要表现为 GIS 数据是基本上可以控制的(李德仁、关泽群，2000)。例如，当处理一幅地图时，我们事先一般已经清楚地图上有多少个点、多少条线、多少个面和它们分别具有什么属性。但一幅没有经过分析的遥感图像就不是这样了，我们不知道图像上是否存在点、线、面，它们的数目有多少，以及我们感兴趣的地物在哪儿。由此可见，GIS 数据中的信息比图像信息更明确，采用 GIS 数据为待检测对象的一个时相观测，用现势遥感影像相对其检测地物变化比两个时相观测纯粹的遥感图像结果意义更明确，可靠性更好。

遥感影像是地表的成像，GIS 数据是影像经过解译或实地测量的特征地形、地物的符号表达。要实现以 GIS 数据为基准时相观测的遥感图像变化检测，显然只能在特征级以上进行，经过符号表达后的信息比图像像素信息意义更明确，结果的精度会更高，可靠性也会更强，这一点是毋庸置疑的。意义明确的 GIS 数据可以为新的遥感影像处理提供先验知识，引导特征提取、变化检测，从而也会提高自动化程度、检测结果精度和可靠性，而且技术通用性强。特征级以上的变化检测方法，还可以克服传感器、大气条件、获取图像时传感器角度和太阳高度角等因条件不同而对变化检测结果的影响。

2. 能够集成多源数据进行分析

GIS 数据中包含着丰富的语义和非语义信息，各种专题和各种来源的空间数据都可以用 GIS 进行存储管理，GIS 为多源数据的集成分析提供了一个有力的平台。以 GIS 为平台的变化检测方法可以集成多种来源、多种类型的空间、属性等数据进行变化检测分析。另外，由于 GIS 数据是地物的符号化表达，与数据的获取方式无关，所以可以与不同传感器类型的影像进行变化检测分析，这一点对于区域尺度上大比例尺变化检测尤为重要，因为一般来讲高分辨率卫星的重访周期长，加上天气等原因，同一卫星在短时间内获取同一地区不同时相的影像往往比较困难。

3. GIS 为在高层次上的遥感影像分析提供了可能

GIS 数据是用符号表示的地形和地物特征，这为遥感影像与 GIS 在特征层次以上集成提供了可能。已经建立的 GIS 数据库中还隐藏着层次不同的知识，这些知识中属于"浅层次知识"有道路的最大宽度和最小宽度以及某一区域有无道路等，这些知识一般通过 GIS 的查询功能就能提取处理；还有一些知识属于"深层次的知识"，如空间位置分布规律、空间关联关系、形态特征区分规则等，它们并没有直接存储在空间数据库中，必须通过运算和学习才能挖掘出来。这些特征和知识可以为变化检测提供先验知识，引导特征提取、变化检测，实现能够互相操作的高层次集成。

4. 能够方便地更新 GIS 数据，保持 GIS"血液"的现势性

以 GIS 数据为基准时相观测进行变化检测，发现变化可以直接更新 GIS 中相应的数据。数据是地理信息系统的"血液"，从一定程度上来说，对空间地理信息的现势性要求，远远高于其几何精确性，是 GIS 的灵魂(李德仁，2003)。及时更新 GIS 数据可以为专题应用、管理决策提供现势信息，也为将来的变化检测提供基准时相观测数据。

当然，要充分发挥和实现遥感影像和 GIS 集成变化检测方法理论上的优点，目前仍然存在一些关键性的问题需要加以解决：

(1)遥感影像与 GIS 集成的层次有待提高

虽然遥感影像与 GIS 可以在特征级以上层次上集成用于变化检测分析，但目前的方法还主要集中在低层次上(李德仁等，2000；D. Lu et al.，2004)。这种低层次主要表现为，图像处理和 GIS 分析各自在相应的图像处理系统和 GIS 中进行，然后通过栅格–矢量转换来实现二者的集成分析，其基本思想是专题图叠置分析。要充分发挥 GIS 知识在变化检测中的先验性和引导作用，需要研究在操作的更高层次上的集成。

(2)检测对象特征提取存在困难

要实现与 GIS 数据在符号表达层次上的集成变化检测，往往需要先从遥感图像上提取地物特征，并用符号进行表达。地表遥感影像的复杂性决定了从遥感影像上提取检测对象特征常常是十分困难的。特征提取是遥感图像模式识别中一个古老而难以解决的问题，国内外许多学者在这方面做了大量的研究工作，也取得了许多成果。但这些成果往往有其特定的适用条件和对象，其操作基本上是人机交互，而且人工干预的工作还比较多。仅仅利用遥感影像本身的信息，自动提取地物特征还存在着许多问题(Anil K. Jain et al. 2000)。

(3)不同来源数据的精度往往不一致

GIS 提供了多源数据、信息集成分析的平台，多源数据、信息集成分析提高了变化检测结果的可靠性和精度，同时也会带来一些

干扰因素。不同来源的数据其精度度量、高低往往会不一致，不同来源的数据经过格式转换等操作也会造成数据精度的损失。如何克服这些不一致因素的影响，提高变化检测方法的适应性和强健性是遥感影像与 GIS 集成进一步要研究的问题。

（4）遥感影像与 GIS 数据几何配准精度对变化检测结果的影响

不同时相观测之间的变化检测不可避免地要涉及数据之间的几何配准问题，从本章的分析中我们可以看出，几何配准误差对基于图像的变化检测结果的影响是非常明显的，而矛盾的是 0.22 个像素的配准精度对于几何配准来说往往难以达到，即使达到了还是存在 10% 的检测误差。遥感影像是灰度表达的地物成像，而 GIS 数据是符号表达的地物，二者之间的高精度几何配准更加困难。GIS 数据对地物的表达只存在两种状态，那就是在某处有或者没有检测对象，不存在图像灰度的连续性，因此从某种程度上来说，几何配准误差对基于遥感影像和 GIS 的变化检测影响更大。不同方式（如人工采集、计算机自动提取）获取的 GIS 数据对地物形状、大小、位置表达精度不同，也增加了高精度几何配准的难度。

基于遥感影像和 GIS 的变化检测能够集成多源数据进行分析，可以为新的遥感影像处理提供先验知识，引导特征提取、变化检测，从而提高处理的自动化程度、检测结果精度和可靠性，而且技术通用性强，但难度比较大。其中涉及特征提取、描述，特征匹配甚至知识推理等相关理论和方法，这方面的国内外研究成果相对比较少，而其中国外成果占多数。

要充分发挥遥感影像与 GIS 集成变化检测思想的优势，克服其存在的困难，显然采用先提取检测对象特征，再集成 GIS 进行变化检测这一传统思想目前是比较困难的。为此，本章从提高遥感与 GIS 集成层次出发，研究 GIS 知识引导下的几何配准与变化检测同步迭代解求的方法，该方法在理论上能够允许有较大的几何配准误差，降低了检测对象特征提取的难度。

3.2 基于遥感影像和 GIS 数据的变化检测整体解求方法思路

3.2.1 基于遥感影像和 GIS 数据的变化检测整体解求概念

为了利用 GIS 数据库中的先验知识，克服遥感影像与 GIS 集成变化检测中存在的困难，我们提出变化检测整体解求的概念。变化检测整体解求是指基于遥感影像和 GIS 数据的变化检测过程中涉及的影像与 GIS 数据几何配准、遥感影像特征提取和变化检测同时迭代计算，而不是按照先从遥感影像上提取特征，再进行遥感影像与 GIS 数据的特征匹配，最后进行变化检测的传统方式串行处理。整体解求方法克服了传统方法中几何配准误差对变化检测结果的传递、积累，通过整体解求利用 GIS 知识引导检测对象的特征提取，理论上更具有优势。

基于遥感影像和 GIS 数据变化检测的前提要求是：

(1)地物时相变化信息在遥感影像上有明显的特征表现，而且能够从背景环境中区分出来；

(2)GIS 中包含检测对象的依比例尺数据、信息；

(3)地表地物在 GIS 中是平面满布的。

第(1)点和第(2)点是变化检测的数据基础，这里我们只考虑依比例尺地物，不依比例尺地物是没有形状、大小的，只是一个符号表达。第(3)点定义了地物数据的全集，有了全集就不仅可以检测出地物消失和形状修改造成的变化，而且还可以检测出新增的地物变化，因为新增地物对应着其他类地物的消失或改变。前两点要求显然很容易满足，第(3)点在土地覆盖专题 GIS 或大比例尺 GIS 系统中是必需的，而且随着 GIS 建设的不断深入和完善，这种地表数据无缝将会成为 GIS 建设的重要指标。因此，上述 3 点要求是合理而且可以现实的。

3.2.2 基于遥感影像和 GIS 数据的变化检测求解的特征选择

图像特征提取是图像的符号化描述，其结果是一幅地物"草图"（Marr 1982）。在基于遥感影像和 GIS 数据的变化检测中，我们处理的对象是检测地物的特征。地物的特征可以分为点、线和面三类，如何选择合适的处理特征是首先要分析清楚的关键问题。

点是图像上的物体，点的几何特征只能用平面坐标 (x, y) 或三维坐标 (x, y, z) 表示，其符号描述是一系列几何、辐射和关系属性。点可以分为以下几类。

（1）端点，线状地物的起点和终点。

（2）连接点，两条线的交点，折线的拐点或图像上某一地物结构中的特征点等。

（3）独立点，独立地物点。

点状地物在 GIS 上一般是不依比例尺表示的，也就是说点没有大小、形状，只有位置和属性信息。

线通常在图像上表现为边缘，具有一定长度的地物特征。在与图像边缘垂直方向上的图像亮度、颜色、纹理等有一个迅速的变化。这里讨论的线在 GIS 数据中表现为没有宽度的不依比例尺的，依比例尺的有宽度的线，我们归为面特征类中。线在几何上用一串二维或三维的坐标表示，线特征中可以包含点特征，线可以用曲线方程或直线方程描述。

面也称为区域是图像上具有相同灰度、纹理等特性的像素集合，有一定大小的点状地物和有一定宽度的线状地物，都归为面状地物。一个面由一条或多条边界线围成，面状地物有着丰富的几何特性，对于一串位置坐标围成的封闭多边形区域，它不仅有位置信息，还有大小、面积和形状等信息。面状地物是 GIS 中重要的数据，它是地表地物的符号表示，所有的面状地物可以布满地表。

从上面的分析可以看出选择面状地物作为变化检测特征是合理而且最佳的，原因有四：

（1）面状特征相对与点、线特征由更多的像素构成，不容易受到图像噪声的影响，特征更为稳健；

（2）面状地物特征信息较点、线特征更丰富，可以从边界形状、面积大小以及外接矩形等多个角度进行描述，使得遥感影像与 GIS 中的同名地物配准更为可靠；

（3）GIS 中点、线特征只有几何位置信息，没有大小信息，容易造成同名地物不唯一的情况，而面状地物不仅由几何位置信息，而且还有着和遥感影像上一样的几何形状信息，使得 GIS 数据与遥感图像上的同名地物存在一一对应关系；

（4）检测对象都是在 GIS 中有一定大小的面状地物，没有大小的地物不占地表覆盖面积，除了几何位置的改变就没有变化可言。另外，有一定大小的点状地物和有一定宽度的线状地物是面状地物的一种形式。

3.2.3 基于遥感影像和 GIS 数据的变化检测整体解求方法的思路

由于检测对象特征提取、遥感影像与 GIS 几何配准和变化检测之间互为串行处理的前后步骤关系，所以要实现变化检测整体解求必须是一个由粗到细的迭代过程，基于这一思想整体解求的思路如下：

（1）定义面状地物特征的描述方法和参数，并定义遥感影像和 GIS 数据中同名面状地物相似性阈值大小。

（2）从 GIS 空间数据库中提取符合要求的面状地物，并对每个面状地物进行特征描述，计算描述参数。

（3）根据图像几何校正原理，以 GIS 数据为基准，建立遥感影像与 GIS 数据之间的粗略几何位置关系。

（4）根据（3）中粗略的几何关系，计算与 GIS 数据中下一个待检测对象对应的同名对象在遥感影像中的大概位置。

（5）根据（3）中计算的位置，从遥感影像上提取同名检测对象特征，并进行特征描述，计算特征参数。

（6）比较同名检测对象的特征描述参数，根据预先设定的相似性阈值判断是否相似。

（7）如果（6）中计算的结果不相似，返回（5）增大阈值重新提取同名检测对象，如此迭代，直到提取的检测对象与 GIS 中的同名对象相似性最大，停止迭代。如果此时的相似性超出了预定的阈值，则认为没变化发生，并把这一对同名地物的坐标代入（3）优化遥感影像与 GIS 数据之间的几何位置关系，否则就认为该地物发生了变化。

（8）对于 GIS 数据中的每一个面状地物多边形重复上述过程，最后输出变化检测结果并进行精度评定。

上述思路用框图表示如图 3.2.1 所示。基于遥感影像和 GIS 数据的变化检测整体解求方法是一个复杂的计算过程，为了提高处理

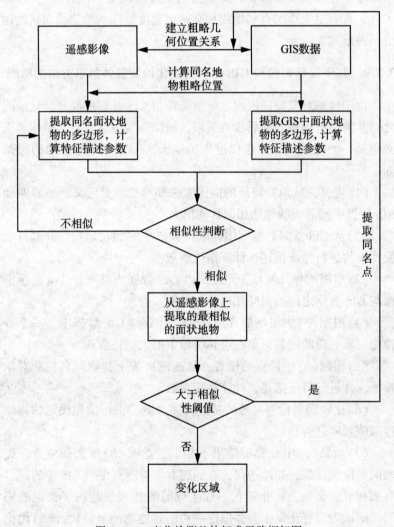

图 3.2.1　变化检测整体解求思路框架图

的效率、自动化程度以及结果的精度和可靠性，需要以整体解求方法为中心，分别对 GIS 数据和遥感影像进行预处理，使得待检测数据符合检测方法的要求。本章以下内容将分小节逐一对如何从地图和影像上获取多边形面状地物的数据预测处理进行详细阐述。

3.3　高精度数字栅格地图制作方法

地图是用图形按一定比例来表示的地表地物形体和关系，地图的使用有着长期的历史传统，是我们了解周围环境的主要信息源。随着数字技术的进步，目前可以通过多种方法直接获取数字形式的地图成果，直接进入 GIS 进行管理。但是由于历史技术和传统的原因人们积累了大量的纸质地图，这些地图中仍然包含了丰富的信息，因为地物变化相对还是小范围的。要完全把这些纸质地图数字化成矢量地图，工作量是十分浩大的，短期内难以实现。为了适用数字技术的发展，人们提出了一种介于纸质地图和矢量地图之间的产品——数字栅格地图，建立 GIS 数据库常常需要从数字栅格地图上采集矢量数据，为此本节介绍数字栅格地图的制作方法作为 GIS 数据预处理的一部分内容。

3.3.1　数字栅格地图的概念

数字栅格地图（DRG：Digital Raster Graphics）是现有纸质地图经过扫描、图像处理、几何纠正处理后得到的栅格数据文件，在内容、几何精度和色彩上与国家基本比例尺地形图保持一致。DRG是模拟产品向数字产品过渡的一种产品形式，DRG 是现有纸质地图以数字方式存档和管理最简捷的形式。与传统的纸质地形图相比较，DRG 具有成本低，生产工艺简单，易保存，应用面宽等特点。作为 4D（数字高程模型 DEM：Digital Elevation Model，数字栅格地图 DRG：Digital Raster Graphics，数字正射影像 DOM：Digital Orthophoto Map，数字线化图 DLG：Digital Line Graph）产品之一的DRG，在栅格层次上可以很方便地和 DOM 结合，在影像几何纠正中可以作为几何基准，随着遥感技术的进步，特别是高分辨率卫星

77

遥感影像进入实用阶段的今天，这种结合越来越紧密，DRG 的优势也越来越受到人们的重视。DRG 可以是 DLG 数据的生产的基础，作为 GIS 的空间背景数据也有着广泛的应用。DRG 很容易实现多重信息高精度配准，进行多重信息综合分析。

概括地说，DRG 具有以下功能和特点：

（1）DRG 是一种既保留了现有模拟地形图的全部内容与视觉效果，又能被计算机处理的数字产品。DRG 兼顾这两种产品的特点，且变换最为简便，也是模拟产品向数字产品过渡的有效模式。

（2）DRG 经过图幅定向与高精度几何校正，不但保持了原模拟图的几何精度，而且在其应用，如点位坐标数字化，长度、面积、体积等量算中提高了数学精度，同时也较模拟纸质地图更为方便。

（3）DRG 不但可以将历代模拟地形图以数字方式存档，作为历史档案管理，而且可以是通过数字正射影像方式更新的 DRG。

（4）作为数字产品的 DRG 比纸质地图有更灵活和更有效的处理方式，传统纸质地图难以实现的处理，如图幅拼接、重采用、各种颜色所占的比例统计等操作，在 DRG 中能够很容易实现，拓展了传统地形图的应用范围。

（5）可以与 DOM、DEM 等数据信息集成使用，派生新的可视信息。

3.3.2　数字栅格地图误差来源

纸质地图扫描成数字栅格影像会引入一些误差，纸质地图本身也会存在和产生一些变形，制作 DRG 的主要任务就是要纠正各种原因引起的几何和辐射误差。DRG 的误差主要来源于扫描前的纸质地图本身和扫描过程，具体地可以概括为：

（1）纸质地图扫描前由于制印、温度、湿度、外部压力和褶皱等因素引起的扭曲、扩张和收缩等材料几何变形。

（2）扫描仪器本身存在的系统误差以及扫描时由于压平、定向等原因引起的整体、局部几何误差。

（3）由于扫描仪器性能的不同还可能会引起 DRG 的辐射误差。

从误差校正的角度，可以将几何误差分解成系统误差、局部误差和随机误差。其中系统误差可以通过识别、量测图廓点而校正。随机误差虽然理论上讲，可以通过多次重复扫描取均值办法来减少，但实际操作不便，很少采用。对成果影响最大，最不易校正的就是局部误差，利用地形图上的公里格网进行每幅扫描图像的局部误差校正，是实际有效的解决办法。

DRG 精确纠正的目的就是通过模拟扫描地形图的畸变，改正几何和辐射畸变，生成一幅符合制图规范的数字栅格地图。如图3.3.1 所示。

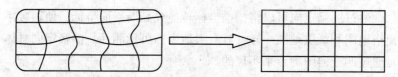

图 3.3.1　DRG 变形示意图

3.3.3　DRG 的制作流程和方法

根据 DRG 的定义，为了改正扫描地形图的畸变，实现高精度的几何质量，同时兼顾实用性和高效性，我们把制作方法分解成以下几个步骤(如图 3.3.2 所示)：

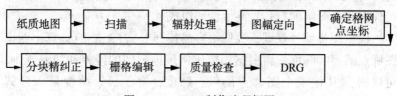

图 3.3.2　DRG 制作流程框图

1. 纸质地图扫描

数字栅格地图是纸质地形图经过扫描和处理形成的栅格数据集。一张纸质地形图，通过扫描仪的 CCD 传感器进行采样，同时对采样的每一像元的灰度进行量化，生成二维像元阵列。为了保证DRG 的质量，扫描分辨率应不低于 500dpi。对于分版黑白或单色地形图，采用 256 级灰度模式储存，对于彩色地图，采用 256 色索引彩色模式储存。扫描的结果应该清晰，图廓点和公里格网点的影像必须完整。

2. 辐射处理

对纸质地形图经扫描生成的数字栅格图像进行辐射调整，使得图像亮度适中、反差分明、地物突出、目标连续。如果在扫描数字化的过程中引入了背景噪声，则还要采用适当的图像处理方法对噪声进行滤除，同时还要确保地物信息没有损失。

3. 图幅定向

通过图幅定向可以将扫描坐标转换成高斯平面坐标，使得数字栅格地图和纸质地图一样，具有大地坐标可量测性。图幅定向具体是通过四个内图廓点来实现的。

我国现行的 1∶500000 ~ 1∶5000 地形图的编号均以 1∶1000000 地形图编号为基础，采用行列编号方法。即将 1∶1000000 地形图按所含各比例尺地形图的经差、纬差划分成若干行和列，横行从上到下、纵列从左到右，按顺序分别用三位阿拉伯数字(数字码)表示，不足三位前面补零，取行号在前、列号在后的排列形式标记；各比例尺地形图分别采用不同的字符作为其比例尺代码(如 1∶50000 的代码为 B，1∶10000 的代码为 G 等)；1∶500000 ~ 1∶5000 地形图的图号均由其所在 1∶1000000 地形图的图号、比例尺代码和各图幅的行列号共十位码组成。

根据图幅编号规则，我们很容易按照公式(3.3.1)计算出西南图廓点的经、纬度，再根据相应比例尺地形图的经差和纬差规则，可以得到其他三个图廓点的经、纬度；有了经、纬度带入公式(3.3.2)就可以计算出四个图廓点的理论高斯大地坐标。而四个图廓点的图像坐标可以直接从影像上获取。

$$\begin{cases} \lambda = (b - 31) \times 6° + (d - 1) \times \Delta\lambda \\ \phi = (a - 1) \times 4° + \left(\dfrac{4°}{\Delta\phi} - c\right) \times \Delta\phi \end{cases} \quad (3.3.1)$$

式中：λ ——图幅西南图廓点的经度；

　　　ϕ ——图幅西南图廓点的纬度；

a ——1∶1000000 地形图图幅所在纬度带字符码所对应的数字码;

b ——1∶1000000 地形图图幅所在经度带的数字码;

c ——该比例尺地形图在 1∶1000000 地形图图号后的行号;

d ——该比例尺地形图在 1∶1000000 地形图图号后的列号;

$\Delta\lambda$ ——该比例尺地形图分幅的经差;

$\Delta\phi$ ——该比例尺地形图分幅的纬差。

$$
\begin{cases}
x = S + \dfrac{\lambda^2 N \sin\phi \cos\phi}{2} \\
\qquad + \dfrac{\lambda^4 N \sin\phi \cos^3\phi\,(5 - \tan\phi + 9\eta^2 + 4\eta^4)}{24} + \cdots \\
y = \lambda N \cos\phi + \dfrac{\lambda^3 N \cos^3\phi\,(1 - \tan^2\phi + \eta^2)}{6} \\
\qquad + \dfrac{\lambda^5 N \cos^5\phi\,(5 - 18\tan^2\phi + \tan^4\phi)}{120} + \cdots
\end{cases}
$$

$$(3.3.2)$$

式中: x ——平面直角高斯坐标系的纵坐标;

y ——平面直角高斯坐标系的横坐标;

ϕ ——椭球面上地理坐标系的纬度(从赤道开始起算);

λ ——椭球面上地理坐标系的经度(从中央经线开始起算);

S ——由赤道至纬度 ϕ 的经线弧长;

N ——卯酉圈曲率半径;

η —— $\eta^{22} = e'^2 \cos^2\phi$,其中 e' 为椭球的第二偏心率。

获得四个图廓点理论大地坐标和实际影像坐标后，根据整体几何畸变类型，采用适当的改正模型建立大地坐标和影像坐标之间的解析关系，一般多采用仿射变换或多项式模型来实现图幅定向。

4. 确定格网点坐标和分块纠正

在图纸扫描误差不大，图纸变形很小或者对几何精度要求不高的情况下，通过图幅定向改正整体畸变，就可以把扫描后影像转换成数字栅格地图。如果在上述误差比较大或者对 DRG 的几何精度要求很高，这时就需要在图幅定向的基础上，将扫描的图纸划分成若干个小块，对这些局部区域进行精纠正，改正局部畸变。通常采用地形图上的公里格网作为最小局部纠正区域，根据图幅定向建立起的高斯平面坐标和影像坐标这二者之间的几何位置关系，自动确定公里格网的概略图像坐标，再通过人工交互精确定位公里格网位置；而每个格网点的理论高斯地面坐标由图廓点坐标和格网间距可以计算出来。局部精纠正数学模型一般采用双线性变换（如公式(3.3.3)所示），通过一个公里格网的四个角点，可以唯一确定一组双线性多项式系数。由于无多余观测，相邻格网单元公共边上的线性要素总是连续的，不会产生错位或裂缝。

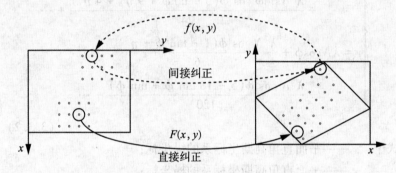

图 3.3.3　直接方案和间接方案示意图

$$\begin{cases} x = a_1X + a_2Y + a_3XY + a_4 \\ y = b_1X + b_2Y + b_3XY + b_4 \end{cases} \tag{3.3.3}$$

式中，x、y、X、Y 分别为图像坐标和高斯平面坐标。

　　影像纠正包含两个过程：一是确定输出图像的范围和变换参数，按照选定的纠正变换模型把原始图像中的每一个像素变换到纠正后的几何空间中，计算几何位置；二是通过直接赋值或内插的方式确定纠正后图像中每个像素的灰度值。在实施中有两种方案可以供选择，即直接方案和间接方案，如图(3.3.3)所示。直接方案是从原始图像阵列出发，按行列的顺序依次计算每个原始像素在输出图像中的正确位置，同时把该像素的灰度值赋给由变换函数算得的输出图像中的相应点。间接方案是从假设的纠正后影像出发，依次根据几何纠正数学模型计算出纠正后图像的每个像素在原始畸变图像中对应的点位，如果该点位正好落在待纠正图像的某个像素上，就直接把该像素灰度值赋给纠正后图像作为输出灰度值，否则就根据待纠正图像中邻近的像素点灰度内插出输出图像的灰度值。常用的灰度内插方法有：最邻近像元法、双线性法和双三次卷积法。

由于直接纠正方案往往会造成输出图像出现空洞，因此在实际应用中一般采用间接方案。内插方法从邻近像元法、双线性法到双三次卷积法精度越来越高，同时计算量也相应地增加，所以在实践中要根据具体情况分别选用。

5. 栅格数据编辑和质量检查

对纠正好的 DRG 进行图面质量检查，如果是彩色地图要按照 RGB 颜色系统，从印刷的 CYMK 色彩系统出发进行颜色归化和必要的编辑；对生成的 DRG 进行几何精度检查和评估，记录合格的数字栅格地图对应的描述信息，形成元文件同 DRG 一起存档保留。

3.3.4 软件系统和实验分析

为了验证上述理论方法的有效性，利用 VC++开发出了一个 DRG 制作模块，挂接在 GeoImager3.5 系统中（GeoImager3.5 是武汉武大吉奥信息工程有限公司的遥感图像处理软件系统），界面如图 3.3.4 所示。该模块主要由三部分组成：控制点选取、控制点精确定位和 DRG 分块精确纠正，控制点选取中包括图幅定向和公里格网点自动粗定位功能。局部纠正的块大小根据需要可以设置成公里格网的整数倍，设置界面如图 3.3.5 所示。在图 3.3.5 中，根据输入的图幅号和获取的四个图廓点的图像坐标，系统自动计算出四个图廓点平面大地坐标，进而对图幅进行定向，根据输入的格网间距，系统自动计算出每个格网四个角点的图像和大地平面坐标；在图 3.3.6 的对话框中通过人机交互方式来精确定位格网的交点位置。采用双线性多项式模型对每一块进行精确纠正，改正局部变形，实现 DRG 高精度纠正。

系统在设计时结合了生产实际，充分考虑了有效性、可靠性和

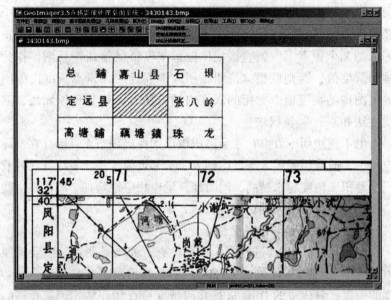

图 3.3.4　DRG 制作系统界面

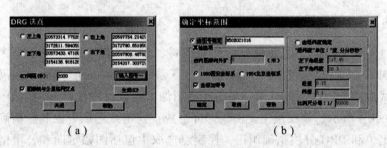

（a）　　　　　　　　　　　　（b）

图 3.3.5　控制点选取界面

高效性。例如在控制点选取时，用户只要在图 3.3.5(a)的对话框中选择"左上角"、"左下角"、"右上角"或"右下角"按钮系统就会自动把相应位置的图像显示在当前窗口中，不需要用户通过图像漫游来寻找，从而可以大大提高生产效率，错误发生几率较少；另外，对处理方法和输出结果系统提供多种可能的选择，如图 3.3.7 所示，根据实际需要可以设置不同的重采样方式、纠正范围等，为系统更好地适应不同的生产需要提高了灵活性。

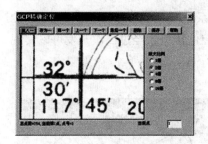 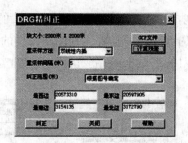

图 3.3.6 控制点精确定位界面　　　图 3.3.7 分块精纠正界面

本书提出的 DRG 制作方案能够制作不同精度层次 DRG，具有很好的灵活性和实用性。根据这一方案开发的 DRG 制作软件系统作为 4D 产品的生产软件已经被国家测绘局大量采购，已经广泛应用于测绘、农、林、水和城市规划等空间信息生产、处理部门，大量的生产实践表明该软件生产的 DRG 能够满足测绘产品高精度的要求，同时灵活的设计能够适应不同层次生产需求，作业效率高。

3.4　GIS 数据准备

地物对象的矢量数据可以直接从 GIS 空间数据库中获取，如果没有现成的矢量数据，就需要在 DRG 的基础上进行数字化采集。即使人们能够直接从 GIS 空间数据库中获取，不同的 GIS 系统数据组织的情况不同，往往不一定符合人们的要求，为了不失一般性，本节从地物对象数字化采集开始，介绍为了使得 GIS 数据适合变化检测整体解求方法而进行的必要数据整理。

以制作好的 DRG 为底图，勾画出地物矢量数据的扫描数字化是 GIS 中最主要的矢量数据采集方式。GIS 数据最基本应该包含两部分：几何数据和属性数据，它们之间通过一个公共标识码相连接。这里为了采集合适的矢量数据，我们采用武汉武大吉奥信息工程有限公司开发的 GIS 软件 GeoStar3.2 作为 GIS 矢量数据采集和整理提供的平台。

GeoStar3.2 采用的是工程、工作区、层和地物类等概念来组织数据，提供了数据组织、编辑、查询、空间分析、数据格式转换等功能，图 3.4.1 是 GeoStar3.2 的系统界面。GeoMap 是 GeoStar3.2 的部件开发平台，利用它提供的控件接口，经过二次开发可以实现对矢量数据的存取访问。

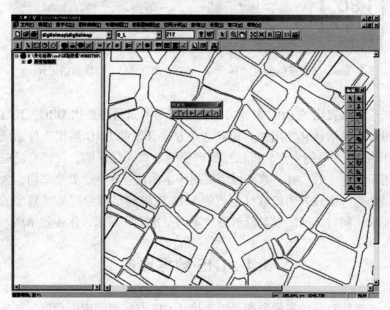

图 3.4.1　GeoStar3.2 矢量数据采集和整理界面

　　采集 GIS 数据比较简单，以制作好的 DRG 为底图，用鼠标沿着底图上的地物边界线进行跟踪数字化。由于本书只需要面状地物，所以只采集面状地物的多边形。采集时应尽量不要丢失特征点，最后要注意面的封闭。属性数据通过键盘手工输入，连接属性数据与几何数据的标识码可以人工定义，也可以由系统自动生成。

3.5　基于 À trous 小波分解的遥感影像预处理

　　遥感影像的获取要经过复杂的大气传输和地面处理过程，往往会引入一些图像噪声，这些噪声对后面的处理会带来干扰。本书基于遥感影像与 GIS 变化检测的整体解求方法中要求从影像上提取面状地物的多边形特征，为此希望影像预处理过程在抑制图像噪声的同时增强边缘信息、平滑同质区域。目前常用的图像预处理方法一般只能平滑图像(低通滤波)，或者增强边缘(高通滤波)，为此我们应用小波变换方法研究一种 À trous 小波分解的遥感影像预处理方法(张晓东等，2001)。

3.5.1 方法原理

小波分解已广泛应用于影像处理与分析中，其方法是把影像分解为不同频道上的近似信号和多分辨率的细节信号。傅立叶(Fourier)变换给出了影像频谱思想，而小波分析则是在保留了傅立叶分析优点的基础上，较好地解决了时间和频率分辨率的矛盾，能够在频率域与空间域上同时具有良好的局部化特性。

设函数 $\psi(x) \in L^2(R)$ ($L^2(R)$ 为平方可积空间)，且 $\psi(x)$ 满足

$$C_\psi = 2\pi \int_{-\infty}^{+\infty} \frac{|\bar{\psi}(\omega)|^2}{|\omega|} \mathrm{d}\omega < +\infty \qquad (3.5.1)$$

或

$$\int_{-\infty}^{+\infty} \psi(x) \mathrm{d}x = 0 \qquad (3.5.2)$$

式中：$\psi(\omega)$ 是 $\psi(x)$ 的傅立叶变换。

当 $\psi(x)$ 满足式(3.5.1)或式(3.5.2)，并且能较快速收敛时，我们称 $\psi(x)$ 为基本小波。当 $\psi(x)$ 经过伸缩 a 和平移 b 操作后得

$$\psi_{a,b}(x) = |a|^{-\frac{1}{2}} \psi\left(\frac{x-b}{a}\right) \qquad (3.5.3)$$

式中：$a, b \in \mathbf{R}$ 且 $a \neq 0$，此时，$\psi_{a,b}(x)$ 称为小波。分布函数 $f(x)$ 的小波变换定义为

$$wf(a,b) = \int_{-\infty}^{+\infty} f(x) \cdot |a|^{\frac{1}{2}} \bar{\psi}[a^{-1}(x-b)] \mathrm{d}x \qquad (3.5.4)$$

式中：$f(x) \in L^2(\mathbf{R})$，$b \in \mathbf{R}$，$\bar{\psi}(x)$ 为 $\psi(x)$ 的复共轭。

上面介绍了连续小波变换的定义，连续小波不能用来编程计

算，必须要离散化。连续小波变换的离散化的方法有多种，但是，对于不同的问题不是所有的离散方法都有效。著名的 Mallat 算法是利用正交基进行塔式分解，但是经过该方法变换后的图像的大小发生了变化，这种变化在一些图像处理过程中往往是不利的，例如：模式识别，多源影像融合等。

为了使图像经过小波变换后尺寸大小不变，我们采用一种被称为 À trous 小波分解的方法把图像分解成不同的小波平面。À trous 小波算法的基本思想是把信号或图像分解为不同频率通道上的近似信号和每一尺度下的细节信号。该细节信号称为小波面，其图像大小与原始图像尺寸相同。

对于一维信号 $C(x)$，假设 $\{C_0(x)\}$ 为信号 $C(x)$ 和尺度函数 $\phi(x)$ 的标量积，尺度函数实际上是一个低通滤波器。信号 $C(x)$ 经过第一次滤波后得到 $C_1(x)$，$w_1(x) = C_0(x) - C_1(x)$ 包含这两个尺度之间的信息，$w_1(x)$ 称为第一小波面，也是对应尺度函数的小波变换的结果。而小波函数 $\psi(x)$ 与尺度函数 $\phi(x)$ 有以下关系

$$\frac{1}{2}\psi\left(\frac{x}{2}\right) = \phi(x) - \frac{1}{2}\phi\left(\frac{x}{2}\right) \tag{3.5.5}$$

相邻的尺度之间相差两倍，经过 i 次滤波后得到 $C_i(x)$ 为：

$$C_i(x) = \sum_l h(l) \cdot C_{i-1}(x + 2^{i-1}l) \tag{3.5.6}$$

离散小波变换小波系数为

$$w_i(x) = C_{i-1}(x) - C_i(x) \tag{3.5.7}$$

$w_i(x)$ 为尺度 i 下的小波系数（小波面），$C_i(x)$ 为 i 尺度下的近似信号，h 为低通滤波器，它与尺度函数 $\phi(x)$ 满足下列方程

$$\frac{1}{2}\phi\left(\frac{x}{2}\right) = \sum_l h(l) \cdot \phi(x - l) \tag{3.5.8}$$

À Trouse 离散小波对信号进行分解，生成一组相邻不同分辨率的小波面 $\{w_i\}$ 和近似信号之和。

如图 3.5.1 所示，如果选择线性内插的尺度函数即

$$\begin{cases} \phi(x) = 1 - |x| & \text{如果 } x \in [-1, 1] \\ \phi(x) = 0 & \text{如果 } x \notin [-1, 1] \end{cases} \tag{3.5.9}$$

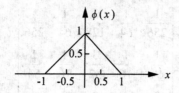

图 3.5.1　线性内插 $\phi(x)$

于是可以计算出 $h(-1) = 1/4$，$h(0) = 1/2$，$h(1) = 1/4$，得

$$\begin{cases} \dfrac{1}{2}\phi\left(\dfrac{x}{2}\right) = \dfrac{1}{4}\phi(x+1) + \dfrac{1}{2}\phi(x) + \dfrac{1}{4}\phi(x-1) \\[3mm] C_{i+1}(x) = \dfrac{1}{4}C_i(x-2^i) + \dfrac{1}{2}C_i(x) + \dfrac{1}{4}C_i(x+2^i) \end{cases}$$

$$(3.5.10)$$

与图 3.5.1 相对应的小波图形如图 3.5.2 所示。

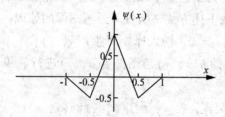

图 3.5.2　小波 $\psi(x)$

上述的 À Trouse 离散小波分解很容易推广到二维的情景，从而得到一个二维的 3×3 的卷积算子，即

$$\begin{bmatrix} \dfrac{1}{16} & \dfrac{1}{8} & \dfrac{1}{16} \\[3mm] \dfrac{1}{8} & \dfrac{1}{4} & \dfrac{1}{8} \\[3mm] \dfrac{1}{16} & \dfrac{1}{8} & \dfrac{1}{16} \end{bmatrix}$$

如果采用 B3 次样条尺度函数，那么二维卷积算子为

$$
\begin{bmatrix}
\dfrac{1}{256} & \dfrac{1}{64} & \dfrac{3}{128} & \dfrac{1}{64} & \dfrac{1}{256} \\[3mm]
\dfrac{1}{64} & \dfrac{1}{16} & \dfrac{3}{32} & \dfrac{1}{16} & \dfrac{1}{64} \\[3mm]
\dfrac{3}{128} & \dfrac{3}{32} & \dfrac{9}{64} & \dfrac{3}{32} & \dfrac{3}{128} \\[3mm]
\dfrac{1}{64} & \dfrac{1}{16} & \dfrac{3}{32} & \dfrac{1}{16} & \dfrac{1}{64} \\[3mm]
\dfrac{1}{256} & \dfrac{1}{64} & \dfrac{3}{128} & \dfrac{1}{64} & \dfrac{1}{256}
\end{bmatrix}
$$

3.5.2　实现的方法

由上述分析可知利用 À Trouse 小波方法将图像分解成不同尺度下的小波面，其中包含了该尺度下的图像轮廓细节信息，利用这一点我们可以按下述方法来实现对遥感图像的处理：

(1)初始化 $i = 0$，输入原始图像 $f_i(x, y)$；

(2)用滤波器 $h(x, y)$ 与图像 $f_i(x, y)$ 进行卷积，得到 $f_{i+1}(x, y)$，即

$$f_{i+1}(x, y) = f_i(x, y) \times h(x, y);$$

(3)进行第一次小波变化，得到第一个小波系数，即

$$w_{i+1}(x, y) = f_i(x, y) - f_{i+1}(x, y);$$

(4)如果 $i < n$(n 为给定的分解次数)，$i = i+1$，返回(2)；

(5)重复(2)，(3)，(4)直至 $i = n$。

对边界的处理采用镜像对称的方法，即：

行向

$$f(-i, j) = f(i, j);$$
$$f(i+k, j) = f(i-k, j)$$

其中 $i \leqslant N$，$k = 1, 2, \cdots, N$ 为图像的总的行数；

列向

$$f(i, -j) = f(i, j);$$
$$f(i, j+k) = f(i, j-k)$$

其中 $j \leqslant N$，$k = 1$，2，$\cdots$，N，为图像的总的列数。

在实际应用中根据需要选用合适的小波面个数。

3.5.3　实验分析

对如图 3.5.3 所示的原始图像按上述方法进行小波变化处理，第 1、第 2、第 3 小波面影像分别如图 3.5.4~图 3.5.6 所示。

图 3.5.3　原始图像

图 3.5.4　第一小波面

图 3.5.5　第二小波面

图 3.5.6　第三小波面

应用 À Trouse 小波分解方法进行图像预处理之所以抗噪性较

好，是因为图像上较大的结构特征在相邻的尺度上，小波变换值变化不大，而噪声的小波变换值随着尺度的增大迅速衰减，所以选择适当的尺度就可以在增强边缘的同时抑制噪声。

第4章 基于遥感影像和 GIS 数据的变化检测求解方法

4.1 基于面特征的变化检测整体迭代解求方法流程

基于遥感影像和 GIS 数据的变化检测整体解求思想中，可以把整个检测过程看做一个 GIS 与遥感影像面状地物的特征匹配过程，以 GIS 面状地物的多边形为基准，提取遥感影像上的同名地物，如果它们相似就认为没有变化发生，否则就标记为变化区域。但该方法与通常的匹配过程又存在一定的区别，一般的匹配过程隐含的前提是同名地物一定存在，也就是说没有变化发生。本节将研究具体的变化检测整体迭代解求方法。

不同的匹配方法都可以看做是以下几个部分的组合（Lisa Gottesfeld Brown 1992）：①特征空间；②相似测度；③搜索空间；④搜索策略。特征空间是用于匹配同名点的信息集合，该集合可以是图像的灰度，也可以是从图像上提取的地物点、线、面或者其他能够表征、描述匹配与参考数据之间同名地物的特征信息。相似测度是判断匹配特征与参考特征是否为同名特征的度量。相似测度在匹配过程中显得尤为关键，直接关系到匹配的精度、准确性和可靠性。理想的相似性测度要求能够唯一地确定同名特征，亦即，选择的相似性测度要求能够有效地刻画和描述匹配特征，突出不同特征之间的差异性，常用的相似性测度有：相关系数、特征矩、熵和特征傅立叶描述等。搜索空间是与匹配特征同名的参考特征可能存在的集合，具体表现为匹配特征与同名参考特征之间的几何变换关系。搜索策略是为了能够快速、准确地在特征空间中寻找到同名匹配特征而采用的搜索途径，这也是一个搜索优化问题，常用的方法有：动态规划方法，进化计算方法等。

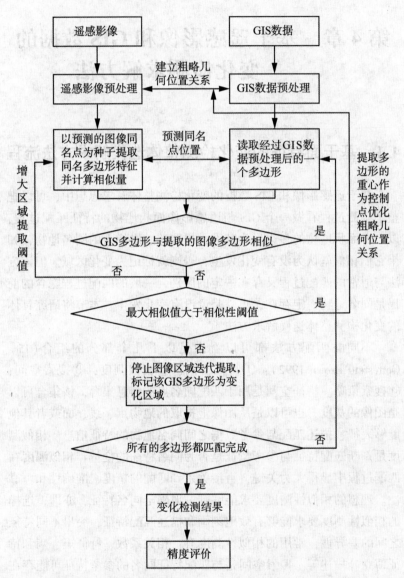

图 4.1.1　基于遥感影像与 GIS 的变化检测整体解求流程框图

不同的应用情况和目的，采用不同的方法对匹配的上述四个方面进行具体化和优化，结合遥感影像和 GIS 数据的实际情况和应用目的，我们从匹配框架的四个方面入手来进行研究。

模拟人眼对图像的解译、识别机理是遥感影像计算机解译追求的最高境界(P. J. Besl et al. , 1992)，虽然人们对人识别图像中的目标和特征的过程还没有完全研究清楚，但是有一点已经是肯定的，那就是人眼系统在识别图像目标时综合了形状、大小、纹理、颜色、灰度强度和相邻关系等信息。遥感影像是地物的原始表达，从灰度层次上描述地表覆盖；GIS 是现实世界地物及其关系的符号表达，是经过解译后的地物特征和知识。GIS 数据能够为遥感影像的非语言和语义信息的处理和提取提供先验知识和引导。基于以上分析和考虑，提出一套遥感和 GIS 数据变化检测整体迭代解求的方法，其流程图如图 4.1.1 所示。

4.2　GIS 数据预处理

GIS 是现实世界的模型表达，在 GIS 中存储着点、线、面、属性以及各个实体之间的拓扑关系等信息，GIS 数据不宜直接应用到遥感影像与 GIS 数据自动配准处理中，为了提高处理的效率和结果的可靠性必要经过一定的整理。本书中我们对 GIS 数据做以下预处理：

(1)从 GIS 数据中选取按实际成图比例表达的面状地物，并提取表达其几何形状的多边形。

根据制图比例尺，在 GIS 数据中尺寸小于一定大小的面状地物的表达是不依比例尺的，也就是说其图形表达的不是几何形体大小，而仅仅是一个符号。这种地物的表达经过人工综合，是没有几何大小的地物，在图像上很难通过计算机找到同名地物。因此，用于匹配的多边性特征应该是按一定比例缩小的实际地物几何形体的表达，这样图形数据和图像上的地物灰度特征存在一一对应关系。

GIS 数据是按照层或者地物类等一定方式编码存储管理的，根据地物编码很容易从 GIS 数据库中实现面状地物多边形的抽取。

（2）对抽取的多边形按面积大小进行排序。

根据多边形坐标计算面积，并对所有的多边形按面积由大到小进行排序。

（3）计算每一个用于匹配的多边形的相似特征量。

（4）确定匹配多边形的"Label"点。

在遥感影像与 GIS 数据变化检测整体解求方法中，为了实现匹配处理的自动化，需要用到一个点，通过这个点来实现 GIS 数据对图像同质区域提取的引导作用，这个点在图像上的同名点将作为图像上同质区域提取的种子点。为了尽可能地包容几何误差的影响，要求该点尽可能地位于多边形中心。这个点的特性与 GIS 中 Lable 点的特性有相似之处，这里我们仍沿用这一名称。

Label 点的计算方法很多，如用计算多边形重心的方法来计算 Label 点，计算多边形每条边的中线，用多数中线的交点作为 Label 点等。对于凹多边形这些计算方法仍然不能保证 Label 一定位于多边形内，即使对于凸多边形 Label 点的位置也不能保证在中心附近。为此，我们提出一种基于数学形态学的 Label 点的计算方法，以克服上述不足。

对每个匹配多边形按照以下步骤，计算 Label 点：

（1）根据每个多边形的坐标在计算机内存中进行栅格化，生成多边形外接矩形大小的二值图像。

（2）用数学形态学中的腐蚀运算（Erosion）对（1）中的结果进行多次腐蚀处理。在进行腐蚀的过程中，一般取腐蚀结构元素为[1 1；1 1]。腐蚀结构元素的对称性主要是控制腐蚀的方向。

（3）如果图像是一个凸多边形，在经过步骤（2）后，会变成一条直线；如果图形是一个凹多边形，腐蚀的结果会是一条或多条联通的曲线。

（4）对（3）生成的结果，在选取 Label 点时，有两种方法：一是从这些直线或者曲线中，选取一个中间点，作为 Label 点；二是继续利用腐蚀运算，对得到的线图像进行运算，直到线变成一个点，最后得到的这个点，就可以作为图像的 Label 点。在对（3）中的结果进行腐蚀时，腐蚀结构元素一般定义为[1 0；0 1]。

对大量的各种凸、凹多边形进行处理，把计算得到的 Label 点与原始图形叠合，通过计算、分析，Label 点都位于多边形内部，且都在或非常接近中心。从而验证了本书提出的基于数学形态学的 Label 点计算方法的有效性。

4.3　几何变换参数的计算

配准的核心内容就是正确地解算几何变换模型参数，进而确定几何变换模型。通过几何变换模型逐个像素改正由于各种原因引起的几何变形，并变换到参考数据所在的制图坐标系统中，从而实现二者之间的几何配准。常用的几何变换模型有：仿射变换，多项式变换和透视投影变换(共线方程)等。仿射变换模型是一种常用的几何变换，这种变换不仅包含了比较复杂的几何变换关系而且还有一些很好的数学特性。多项式模型是更为一般的全局几何变换，能够考虑多种复杂的几何变形，只要变形相对与图像来说不大，例如对于地形起伏不大而引起的几何变形，都可以通过多项式变换模型来改正，仿射变换可以看做多项式的一种。透视投影变换模型考虑的几何变形是三维物体通过一个理想的成像系统投影到二维像平面过程中产生的变形，应用投影变换模型需要知道地物的高程信息。

本书中，图像的几何变换模型根据不同的实际情况可以分别采用三种方式：

(1)对于地形比较平坦的地区，先采用简单的多项式变换作为遥感影像几何变换粗略模型，待通过匹配确定了足够多的、高精度的控制点后再应用严格的影像纠正模型进行高精度微分纠正。

(2)一开始就采用遥感影像几何畸变的严格纠正模型，随着控制点数目和精度的提高不断精化模型参数。

(3)采用(1)和(2)的混合型，先采用简单的多项式变换作为遥感影像几何变换粗略模型，待通过匹配获取到了能够解求严格模型参数最少控制点数目后，采用影像畸变严格改正模型，再随着控制点数目的增加对严格的影像纠正模型参数进行迭代精化。

为了叙述的方便又不失一般性，我们采用(1)中所述的方式，先采用仿射变换作为粗略几何变换模型，如公式(4.3.1)所示。要确定仿射变换中的参数至少需要三个控制点。为此，我们先通过人工交互指定三对(交互指定的同名多边形个数根据选用的粗略几何变换模型来确定，对于多项式所需的最少数目为 $N = (n + 1) \times (n + 2)/2$，其中 n 为多项式的阶数)同名多边形，指定的方式只需要分别在 GIS 和图像上的同名多边形中用鼠标任意点击一个点，这两个点可以不是同名点。在 GIS 数据中我们可以通过这个指定点的坐标计算出其所在的多边形，在遥感影像中通过指定的点作为种子点，反复迭代提取同名多边形区域，提取方法将在本章 4.5 节中详述。对同名多边形分别计算其重心，作为控制点。多边形重心是一个与比例和旋转无关的统计量，而且采用重心作为控制点还可以消除随机误差，因此具有很好的稳定性。通过三对同名控制点计算仿射变换参数的初始值，仿射变换只作为粗略变换来预测 GIS 多边形 Label 点的同名点，精度要求不高，只要求该点落在图像上的同名多边形内就可以了，而且相比于严格的透视成像几何模型，仿射变换计算量小，因此采用仿射变换作为粗略几何变换对大多数情况是一个很好的折中。

$$\begin{cases} x = a_1X + b_1Y + c_1 \\ y = a_2X + b_2Y + c_2 \end{cases} \qquad (4.3.1)$$

计算出图像几何变换模型参数后，根据公式(4.3.1)我们很容易求得某个 GIS 多边形的 Label 点对应的图像上的点，对这个点唯一的要求就是要落在同名多边形内，因此允许有一定的误差，而且多边形越大允许的误差也越大。

4.4　相似性度量

4.4.1　多边形相似特征量的定义

相似性度量的定义在特征匹配中十分关键，相似性度量是判断同名特征的尺度。相似性度量的定义直接关系到特征匹配结果的可靠性、稳定性和唯一性，也决定了匹配过程的计算量的大小。

对于面状地物的多边形特征我们定义以下五个特征相似量来描述其相似性:

(1)多边形最小外接矩形的面积;

(2)多边形最小外接矩形的宽和高;

(3)多边形的面积;

(4)多边形的周长;

(5)多边形的形状。

这些特征相似量在一起组成了一个由粗到细的相似度量集合,虽然单就每一个测度量而言不能唯一确定同名特征,但这一组相似测定却可以把候选特征缩小到很小的范围内,再加上计算的粗略几何位置的约束,就可以唯一确定同名特征。这五个相似性度量之间的关系可以用图 4.4.1 来形象表示。这种由粗到细的相似性判断过程可以大大减少计算量,提高匹配效率。第(2)、(3)、(4)三个相似性度量计算方法比较简单,下面我们着重介绍多边形最小外接矩形计算方法和多边形形状描述方法。

图 4.4.1 相似性度量之间的关系

4.4.2 最小外接矩形的计算方法

多边形边界上的坐标(x, y)可以看做是二维空间上分布的随机序列，它们的均值和协方差矩阵可以通过下列公式计算：

均值

$$
\begin{cases}
\bar{x} = \dfrac{1}{n} \displaystyle\sum_{i=1}^{n} x_i \\[3mm]
\bar{y} = \dfrac{1}{n} \displaystyle\sum_{i=1}^{n} y_i
\end{cases}
\tag{4.4.1}
$$

方差、协方差

$$
\begin{cases}
C_{xx} = \dfrac{1}{n} \displaystyle\sum_{i=1}^{n} (x_i - \bar{x})^2 \\[3mm]
C_{yy} = \dfrac{1}{n} \displaystyle\sum_{i=1}^{n} (y_i - \bar{y})^2 \\[3mm]
C_{xy} = C_{yx} = \dfrac{1}{n} \displaystyle\sum_{i=1}^{n} (x_i - \bar{x}) \times (y_i - \bar{y})
\end{cases}
\tag{4.4.2}
$$

协方差矩阵

$$
\begin{bmatrix} C_{xx} & C_{xy} \\ C_{yx} & C_{yy} \end{bmatrix}
\tag{4.4.3}
$$

式中，x_i，y_i 为多边形边界点坐标，$\bar{x}$，$\bar{y}$ 为边界点坐标的均值，n 为边界点的数目，C_{xx}，C_{xy}，C_{yx} 和 C_{yy} 分别为 x、y 的方差和协方差。

根据协方差矩阵，分四种情况可以计算随机序列的主方向（MaA）和次方向（MiA），计算方法如下：

（1）当 $C_{xy} = 0$ 且 $C_{xx} > C_{yy}$ 时

$$
MaA = -90°, \quad MiA = 0° \tag{4.4.4}
$$

角度从垂直方向起算，反时针方向为正，以下同。

（2）当 $C_{xy} = 0$ 且 $C_{xx} \leqslant C_{yy}$ 时

$$
MaA = 0°, \quad MiA = -90° \tag{4.4.5}
$$

（3）当 $C_{xy} \neq 0$ 且 $C_{xx} \leqslant C_{yy}$ 时

$$
MaA = \arctan\left\{ \frac{-2C_{xy}}{C_{xx} - C_{yy} + [(C_{xx} - C_{yy})^2 + 4C_{xy}{}^2]^{1/2}} \right\}
$$

$$
MiA = 90° + MaA \tag{4.4.6}
$$

（4）当 $C_{xy} \neq 0$ 且 $C_{xx} > C_{yy}$ 时

$$\text{MaA} = \arctan\left\{\frac{[C_{xx} + C_{yy} + [(C_{yy} - C_{xx})^2 + 4C_{xy}{}^2]^{1/2}]^{1/2}}{-2C_{xy}}\right\}$$

$$\text{MiA} = 90° + \text{MaA} \qquad (4.4.7)$$

计算出主、次方向后，将多边形边界点分别向这两个方向上投影，取最大值、最小值之差作为多边形最小外接矩形的长和宽，图4.4.2 给出了最小外接矩形示意图。

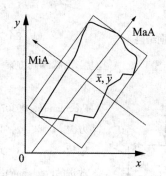

图 4.4.2　多边形最小外接矩形示意图

4.4.3　多边形的形状描述方法

链码是用能够表示方向的整数来表达区域边界的形状描述方法。链码中的起始码能够记录边界的起始位置和方向，根据整个链码可以重建该区域。Freeman 码(Rafael C. Gonzalez 2004)是链码表示方法中应用比较多的一种方法，定义了 4 个或 8 个方向码值，如图 4.4.3 所示。

Freeman 码在实际应用中存在一些问题：其一，编码结果与起始点相关；其二，码值对细小的变化很敏感。而用于特征匹配的形状特征要求具有旋转不变性，与描述的形状的起始点无关，为此我们必须对上述编码方式进行必要的改进。对 Freeman 编码的结果进行差分，再根据码值是以定义的方向数(4 或 8)为周期的特点，对差分的结果相对方向数取模，最后统计各个方向上码的频数。图

101

4.4.4 中分别给出了 Freeman 码和改进的 Freeman 码表示区域形状特征的结果。

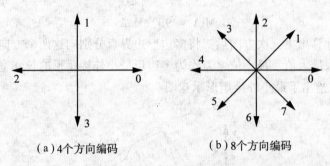

（a）4个方向编码　　　　　　（b）8个方向编码

图 4.4.3　多边形形状编码方案

Freeman码：003032322111

方向：0　1　2　3

频数：3　3　3　3

改进的Freeman码：303133130300

方向：0　1　2　3

频数：4　2　0　6

图 4.4.4　Freeman 码和改进的 Freeman 码编码结果

　　改进的 Freeman 码虽然不是能唯一标识区域的特征，但是它提供了一种能够描述区域显著特征的方法，在该特征的基础上再结合其他区域特征就能够唯一标识区域。

4.5　面状地物多边形特征的提取方法

　　区域是灰度强相关性的地物在图像上的表现，区域内的像素具有某一个相同的标准和属性，如灰度值、纹理等。区域把图像分割成一些具有明显特征的不同部分，相对点特征和线特征而言，区域特征具有更明显的区别与周围像素的特征，包含更丰富的特征信息，这些特征和信息在提取区域和区域识别中是非常有用的。

区域生长是众多区域分割算法比较简单、有效的方法。给定一个生长的种子点，事先定义一个灰度一致性的阈值，当种子点周围邻近的像素点的灰度值与种子点灰度值的差异小于定义的阈值时，就认为该像素与种子点属于同类地物，反之属于不同类的地物。区域生长方法在理论上能够很好地分割不同类型的匀质区域，但在实际分割反映复杂地表的遥感图像时，并不理想。地球表面十分复杂，严格意义上的匀质区域相对很少；相同的地物在不同的环境下表现得不尽相同；太阳光照的影响也使得相同地物在图像上的灰度表现不同。这些原因会导致看似匀质的区域中，往往包含着小范围内的非匀质性，简单利用区域生长方法提取的特征区域可能会含有许多小岛或者空洞，例如在一个湖中有一个小岛，一块草地中有一颗树等。GIS 数据中的面状区域是按一定比例表达地面情况的，小的地物可能在相应的比例尺中被综合掉了，如草地中的独立树等。为了能够与 GIS 中面状地物的多边形特征匹配，从图像上提取特征时必须具有自适应能力。

我们利用区域内像素灰度强相关的特点，采取自适应迭代区域生长方法来提取区域特征。区域生长的种子点由 GIS 多边形的 Label 点对应的几何变换结果给出，迭代进行的条件由相似性测度来判断，直到从图像中提取最相似的多边形为止；灰度一致性的阈值从零开始随着迭代次数的增加逐步增大。这样就自动实现了 GIS 数据引导下的图像区域自适应提取。

4.6　搜　索　策　略

匹配搜索策略就是在寻找同名特征的过程中采用的方式和方法，该方法是特征匹配技术的重要组成部分，十分重要，关系到匹配的效率，对匹配结果的正确性也有着重要的影响。不同应用采用的匹配搜索策略不尽相同，要结合具体的应用实际情况进行优化。在本书同名特征匹配过程中，用 GIS 多边形特征 Label 点的几何变换结果引导，为了兼顾计算效率和匹配准确性，我们采用以下的搜索策略：

1. 按多边形面积从大到小逐步进行匹配

面积大的多边形能够允许的几何误差大，按面积由大到小逐步提高几何变换模型的精度，可以保证经过图像几何变换模型计算的 GIS 多边形 Label 点落在同名的图像区域内。

2. 对同名特征的匹配采用分层匹配逐步细化的策略

具体方法如下：

（1）以 GIS 多边形的 Label 点的几何变换结果为图像同名多边形区域提取的种子点，以 GIS 多边形最小外接矩形面积为相似度量，逐步增大灰度一致性阈值，提取图像多边形区域。最小外接矩形面积相似的度量阈值可以预先设定，阈值的设定可以宽松些。从图像上提取、记录下每个满足阈值的多边形，作为候选的同名多边形特征。

（2）以多边形最小外接矩形宽和高为相似度量，从（1）的结果中选择相似的多边形特征。

（3）以多边形的面积为相似度量，从（2）的结果中选择相似的多边形特征。

（4）以多边形的周长为相似度量，从（3）的结果中选择相似的多边形特征。

（5）以多边形的形状编码为相似度量，从（4）的结果中选择相似的多边形特征。选择形状编码的相似性最大的多边形为同名特征。

以上从粗到细的匹配策略可以用图 4.6.1 来形象表示，图 4.6.1 中 P_n 表示从图像中提取的面状地物的多边形特征。

经过处理，能够与 GIS 中的多边形匹配上的我们认为没有发生变化，匹配不上的怀疑地物有变化发生，标记为变化区域输出。将匹配好的同名多边形的重心作为控制点，通过最小二乘方法解算图像几何配准变换模型参数，并重新计算 GIS 多边形 label 点在图像上的同名地物坐标，对那些与第一计算结果相差大的多边形重新进行匹配检测，反复迭代直到满足要求为止，这样可以提高变化检测精度。变化检测的精度，可以通过选择一定数量的样本，计算总体

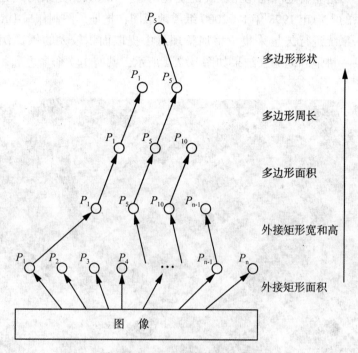

图 4.6.1　匹配搜索策略示意图

检测精度、漏检率和虚检率来评估。

　　另外，应用建立的几何配准变换模型，对图像的每个像素进行纠正生成与 GIS 数据配准的新图像，可以实现图像几何纠正。

4.7　实验与分析

4.7.1　实验数据

　　选取位于上海市浦东地区的一幅 2002 年 7 月 11 日的 QUICKBIRD 影像为实验数据进行验证。实验图像大小为 884×884 像素，分辨率为 0.6m，产品级别为预正射级，如图 4.7.1 所示。该地区比较平坦，主要地物包括耕地、池塘、植被、河流和房屋等，在这里耕地和池塘是主要的变化对象。GIS 数据是采用地方坐标系的上海市 1998 年 1 : 2000 纸质地形图，把地形图制作成 DRG，输入系统进行矢量采集，稍加整理从中提取面积较大的依比例地物——耕地和池塘，结果如图 4.7.2 所示，共有 149 个多边形。

图 4.7.1　实验区 2002 年 7 月 11 日 QUICKBIRD 影像

4.7.2　数据预处理

QUICKBIRD 原始影像具有比较高的定位和内部精度(无地面控制点的定位精度 14m)，考虑到实验区域比较平坦，我们采用仿射变换为图像粗略几何变换模型。以提取的每一个 GIS 多边形为对象，按待匹配图像的分辨率在内存中栅格化该多边形，分别计算

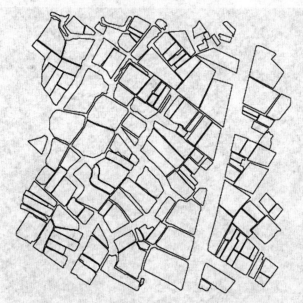

图 4.7.2 整理后的实验区 1998 年矢量数据

Label 点坐标、重心坐标和所述的相似度量，并连同其边界坐标记录到一个文件中，这个文件称为特征文件，经过这样处理就消除了 GIS 多边形与图像之间的比例尺差异了。对遥感影像的预处理采用小波变换方法，通过小波分解产生多个小波面，取第 1、3、7 小波面，合成结果如图 4.7.3 所示。

4.7.3 图像粗略几何变换模型参数初值的确定

通过鼠标交互在图像中选定三对同名多边形区域的种子点，按照描述的方法迭代提取图像中多边形区域，解算出仿射变换参数的初始值，这样基本上能够保证通过仿射变换计算的 GIS 多边形的 Label 点变换结果落在同名多边形内部。

4.7.4 图像上面状地物多边形特征提取和匹配

以人工交互给定或通过图像粗略几何变换模型计算的点为种子，按照本章 4.5 节中描述的方法迭代提取多边形特征，在迭代的

107

图 4.7.3　图像预处理结果

过程中相似度量的阈值分别设置为：相对 GIS 中同名多边形，多边形最小外接矩形面积设置为 0.5~1.5 倍，最小外接矩形宽和高 0.8~1.2 倍，多边形面积 0.5~1.5 倍，多边形周长 0.5~1.5 倍，多边形形状编码差异 10%。只要提取的多边形与 GIS 中参考多边形的相似性之差小于阈值，我们都认为是候选同名多边形，记录每个候选特征的边界坐标、计算相似度量。按描述搜索策略对特征多边形进行筛选。上述阈值的确定也可以按本章 4.7.3 节中选择的三对同名多边形相应特征的差异为参考。经过反复整体迭代解求，变换检测结果如图 4.7.4 所示，图 4.7.4 中标有数字的多边形为检测出来发生了变化的地物。

4.7.5　变化检测结果分析

　　结合 2002 年更新后的 GIS 数据对参与变化检测的 149 个 1998

图 4.7.4　变化检测结果

年检测的多边形地物矢量进行对比分析，发现检测出的 30 个变化
地物多边形中实际发生变化为 25 个，实际地物发生变化的情况主
要分为三种情况：

　　（1）农田变成了房屋；

　　（2）由于耕种的变化，大块农田变成小块农田；

　　（3）养殖业的发展，农田改造成鱼塘。按照图 4.7.4 中的编号
实际变化情况如表 4.7.1 所示。

表 4.7.1　　　　　　　　　　　　地物变化情况

变化类型	多边形编号
农田变成了房屋	10 8 6 7 9 1 11 12 13 14 16 20 19 22
大块农田变成小块农田	30 5 28 15 21
农田改造成鱼塘	27 26 2 23 24 25

　　从图 4.7.4 标记的 30 个变化检测结果来看，表 4.7.1 中的实际变化都检测出来了，即没有漏检；整体检测精度为 83.33%，由于多检测出了 5 个伪变化多边形，因此虚检率为 16.67%。

　　由于整体迭代解求方法克服了几何匹配对变化检测造成的伪变化的影响，因而 83.33% 可靠性高。出现较高的地物虚检率，主要是由于两方面原因：其一，本书介绍的整体变化检测方法是以地物形状为地物变化尺度，GIS 矢量中的地物多边形采集时往往经过一定人工综合，与从遥感影像上自动提取的多边形形状存在一定差异；其二，地面种植的植被发生变化(如第 4 和 29 个多边形实际没有发生变化，但同一块农田中有两种地物：蔬菜大棚和普通菜地)，使得通过本书介绍的方法提取地物特征时认为发生了变化。

　　另外通过分析我们可以从理论上发现，对于形状不变，由于用地类型发生变化而导致的地物变化(如在不改变形状的情况下，农田变成鱼塘)，需要结合属性或其他信息才能确定其变化。

4.7.6　遥感影像与 GIS 的精确配准与分析

　　对于没有变化的遥感影像和 GIS 数据通过上述变化检测处理后，可以得到一些同名点，利用它们可以实现遥感影像与 GIS 自动配准。对于这一应用我们采用下述实验进行说明。采用中相同的影像数据，GIS 数据采用 2002 年 1∶2000 的矢量数据，经过整理结果如图 4.7.5 所示，共有 155 个多边形。

　　经过多边形匹配后，获取的 155 个控制点分布如图 4.7.6 所示，把误差大于 1.5 个像素的控制点剔除，剩下 129 个控制点，把其中 5 个设置为检查点(图中 4~8 黄色十字丝表示 21、24、50、54 和 78 号点)。采用严格几何变换模型对 QUICKBIRD 影像进行纠正，从而实现影像与 GIS 数据的高精度配准。目前商用 QUCIKBIRD 影像的严格几何纠正模型采用的是 RPC(有理多项式)参数模型，RPC 参数由数据提供商提供。为了提高纠正精度，利用已知的控制点来优化 RPC 参数。优化模型常常采用多项式模型，一般情况下可以采用 0 次、1 次和 2 次多项式，这里我们采用 1 次多项式，具体模型原理可以参见文献[19]。另外，有一点值得说

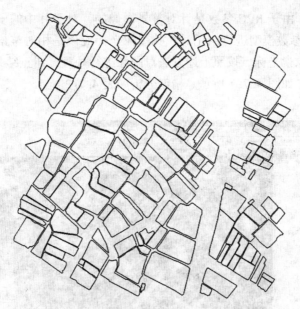

图 4.7.5 整理后的 2002 年的矢量数据

图 4.7.6 自动获取的控制点分布情况

111

明的是，由于 RPC 参数是针对整景影像的，对于其中的子块图像用 RPC 参数模型进行纠正时，其图像坐标应该是相对整景图像左上角的像素坐标。按照上述方法对图像进行处理，纠正结果与 GIS 矢量叠加如图 4.7.7 所示。精度分析如表 4.7.2 所示。

图 4.7.7　纠正结果与 GIS 矢量叠加

表 4.7.2　　　　　　　　　　　　纠 正 精 度

控制点最大 X 误差/m	控制点最大 Y 误差/m	控制点 X 方向中误差/m	控制点 Y 方向中误差/m	控制点位中误差/m
0.2961	0.3240	0.1756	0.1749	0.2479
检查点最大 X 误差/m	检查点最大 Y 误差/m	检查点 X 方向中误差/m	检查点 Y 方向中误差/m	检查点位中误差/m
0.2325	0.2448	0.1713	0.1531	0.2297

　　从计算结果发现配准精度在半个像素以内，也就是优于 0.3m。分析其原因，我们知道在同样的严格几何纠正模型条件下，图像与 GIS 数据配准的误差主要来自控制点精度，本书提出基于特征匹配获取控制点的方法，在匹配的过程中能够容忍一定的几何误差，而在确定控制点时采用的是重心，重心坐标是多边形边界坐标的平均，在统计上它可以消除随机误差，而且可以达到子像素级精度，另外由于自动的方法获取的控制点多，在筛选高精度控制点时余地比较大。传统的人工选择控制点工作量大，劳动强度高，不适于大量的控制点选取，特别是当图像范围比较大时。因此本书提出的方法在图像范围大，需要的控制点数目多时优势比较明显。

第5章 面向对象的高分辨率遥感影像变化检测方法

随着信息技术和传感器技术的飞速进步，卫星遥感影像的空间分辨率有了很大提高。对于高空间分辨率遥感影像来说，传统的基于像素的变化检测方法，只利用了像素光谱特征，由于大量"异物同谱"和"同物异谱"现象的存在，其检测精度往往存在一定的误差。此外，仅通过基于像素的方法，难以有效利用高分辨率影像中丰富的地物几何、纹理和阴影信息，从而产生数据冗余，另外其检测结果还会出现"椒盐噪声"等现象。

为了弥补上述缺陷，面向对象的遥感分析方法应运而生。该方法的作用对象不再是像素，而是经图像分割后产生的对象（又称"图斑"）。分类与变化检测时不仅考虑光谱信息，还考虑了对象的纹理、几何等信息，大大提高了高分辨率影像变化检测的精度。近些年来，面向对象的高分辨率遥感影像分析与变化检测方法研究已成为遥感、摄影测量以及 GIS 等领域所关注的对象和研究热点之一（杜凤兰，2004）。

5.1 从像素到对象

本书第1章中介绍的传统遥感影像变化检测技术（基于像素的变化检测），从遥感技术发展之初就受到关注（Rosefeld 1961, Lillestrand 1972），历经30多年的发展，已经形成了一套完善的体系，并广泛应用于遥感各个领域中。尽管如此，基于像素的变化检测算法仍然存在许多不足之处，例如本书第2章中所提到的图像几何配准误差会严重影响到变化检测精度，比如没有哪一种具体的变化检测算法能够适用于所有影像数据。

随着近几年来商业遥感卫星技术(包括高分辨率光学传感器技术、卫星通信技术等)的进步和计算机计算能力的快速提升，遥感影像的空间分辨率越来越高。在高分辨率影像上，传统的检测算法的劣势会更加凸显。本节的第一小节将详细介绍传统的变化检测算法在处理高分辨率影像时遇到的一些问题。

为了解决基于像素的方法处理高分辨率影像的缺陷，遥感领域的专家学者们提出并发展了"面向对象分析方法"(又称为"基于对象的分析方法")。本节第二小节将对该分析方法进行简要介绍。

5.1.1　传统算法在处理高分辨率影像时遇到的问题

1999 年，Spacing Imaging 公司的 IKONOS 商用遥感卫星的成功发射，标志着高分辨率遥感卫星时代的到来。IKONOS 影像包含 4 个空间分辨率为 4m 的多光谱波段与一个空间分辨率为 1m 的全色波段。而 2001 年，美国 Digital Globe 公司发射的 QuickBird 卫星，其全色波段空间分辨率达到了 0.61m，多光谱波段为 2.44m。在后来的十几年中，WorldView（WorldView-1、WorldView-2、WorldView-3）、GeoEye(GeoEye-1、GeoEye-2)等系列高分辨率多光谱遥感商业卫星相继发射升空，使得人们获取高分辨率遥感影像越来越容易。在卫星遥感领域迈向高分辨率时代的同时，航空遥感获取高分辨率影像的成本也随着近几年来"无人机"的广泛应用而大大降低(Rongjun Qin，2014)。现在，想要获取空间分辨率优于 1m 的遥感影像已经是越来越容易了。

然而，随着遥感影像空间分辨率的提高，变化检测精度却没有随之提高。对于高分辨率影像(特别是空间分辨率优于 1m 的影像)来说，单个像素(Pixel)并不代表一个真实的地表实体，仅仅表示一个边界无明显实际意义的地理网格(Fisher，1997)。同时，在高分辨率影像中，存在着比中低分辨率影像更多的上下文信息、纹理信息，采用传统的基于像素的分析方法，不仅会忽略大量有用的信息，而且会因为更大的几何配准误差使得检测精度大大降低。一般来说，基于像素的变化检测算法在处理高分辨率影像时可能会遇到以下的问题：

1. 影像配准与尺度

对于同源影像来说，如果几何配准精度不高，就会使得变化检测时所比较的像素或者地物特征实际不是地面上相同位置上的地物，从而检测出虚假变化。对于非同源影像来说，检测出来的变化区域，可能是真实的变化区域，也可能是由于分辨率（尺度）不同而产生配准误差造成的错误区域。

高分辨率影像的几何配准精度对变化检测结果的影响更为明显。因为对于中低分辨率的影像而言（如空间分辨率为 30m 的 Landsat 影像），将其配准精度控制在亚像素水平要比将高分辨率影像（如分辨率为 1m 的 IKONOS 影像）配准精度控制在相同级别容易得多（Dai and Khorram，1998）。

具体的定量分析，可以参见本书第 2 章中的内容。

2. 波段物理意义

对于非同源的多时相影像来说，每幅影像可能包含的波段数目不同，或者波段对应的光谱空间不一致。由于地物反射率随波长变化而变化，若强行地将物理意义不同的多时相影像波段进行基于像素的变化检测，会产生大量错误的检测结果。

3. 全局阈值问题

基于代数运算的变化检测方法，往往需要人工或者自动产生一个全局性的阈值，这对于中低分辨率的影像来说，是可以接受的。而对于高分辨率影像而言，由于单个像素的光谱值变化范围更大，采用全局一致的阈值就会在某些局部发生过检测或者漏检测现象。虽然有学者在此基础上提出了正、负双阈值的方法，但仍然不能满足高分影像的要求（Pu et al.，2008）。

4. 观测几何

不同时相的遥感影像，有着不同的传感器观测角/方位角和太阳高度角，进而对物体反射率造成影响。对于高分辨率遥感影像而言，太阳高度角的变化还会导致地物阴影方位、形状发生变化，这将大大降低基于像素的变化检测算法的精度（Chen，2012）。

5. 辐射校正

辐射校正是变化检测预处理的关键环节之一，因为不同时相的大气条件也不相同，获取的影像可能会因此而得到不同的辐射率和反射率。相关研究表明，绝对辐射校正相比于相对辐射校正，对检测精度并没有显著帮助。一般而言，相对辐射校正就可以满足需求（Chen，2012）。

此外，对影像采用先分类再检测的方法时，辐射校正对检测精度的影响会有所降低（John R. Jensen，2005）。

6. 上下文信息与纹理信息

高分辨率遥感影像相比于中低分辨率影像而言，相邻像素的相关性更大，包含更多上下文信息与纹理信息。基于像素的变化检测方法很难去对这样的上下文信息和纹理信息建模。

7. 椒盐现象

对高分辨率影像采用基于像素的变化检测方法，由于影像中存在着噪声和尺寸较小的地物，会使变化检测结果中出现许多孤立的像素和"洞"，或者产生跨越边界的地物，这就是"椒盐"现象（Bontemps et al.，2008）。虽然现有许多消除"椒盐"现象的算法，但这并不能解决根本性的问题。

上述七个问题，只是基于像素的变化检测算法在处理高分辨率影像时产生的比较突出的问题。因此，有必要采用一种新的变化检测框架，来解决高分辨率影像的分析和变化检测问题。

5.1.2 面向对象分析思想的提出

2000 年，著名的遥感图像处理软件 eCognition 发布了第一个版本，并首次提出了一种与传统的基于像素方法不同的利用影像对象层次体系来提取图像信息的方法。随后，Blaschke 等学者总结出了包含影像分割、构建地理实体的影像对象的空间、纹理、几何信息等流程的面向对象分析方法（该方法最开始的时候被称为 object-oriented image analysis，后为与程序设计中的面向对象混淆，改称为 object-based image analysis，简称为 OBIA。由于该方法也可以被用到医学影像处理中，所以为了区分，又把用于遥感影像中的

OBIA 方法称为 geographic object-based image analysis，即 GEOBIA）（Chen, 2012）。在高分辨率遥感影像中，一个对象，就是能表达实际地物的有意义的一组像素，如图 5.1.1 所示。

图 5.1.1

　　通常来说，面向对象的分析思想包含影像分割、特征计算、地物提取三个流程。

　　影像分割是指把通过某种手段，得到影像中区域相连、属性相同的无缝的同质区域，是面向对象思想中最重要的一步。这使得我们可以将研究对象从一个个像素，转变为能表达实际地物的有意义的对象。目前，影像分割算法多种多样，按照驱动模型来划分，可以分为基于聚类的分割方法和基于活动轮廓线的分割方法，前者在分割过程中常常需要比较类别间的相似性程度，进而判断对象是否分裂或者合并，常见的有基于图论的聚类、层次聚类法等；而后者则是基于偏微分方程（PDE）的方法使地物之间的分割线所构成的曲线按照能量最小的方向衍化，从而获取最优分割，该方法包括参数活动轮廓模型法（Snake 算法）和集合活动轮廓模型方法两大类（崔卫红，2010）。

　　在面向对象的分析流程中，获取对象区域后，需要提取对象的特征属性。与基于像素的分析方法只能提取像素的光谱值不同，面向对象分析方法可以从复杂的地物中，提取出对象的光谱、几何、纹理、空间上下文等信息，这大大提高了对象在特征空间中的可分性。此外，仍有许多能够提取纹理信息的基于像素的分析算法。但是这些方法往往会在一个窗口大小的范围内进行计算，窗口范围对应的区域很有可能与中心像素不同质，或者跨过了地物边界，这就使得计算出来的纹理值并不能够很好地表示中心像素。而面相对象的分析方法则不会这样，该方法计算纹理属性时，窗口大小、形状均由对象所包含的区域决定。在商业遥感软件中，都包含对象特征计算的模块（如 eCogintion、ENVI 的 Feature extraction 模块、ERDAS IMAGINE 的 Objective 模块等）（Walter，2004）。

在对象的特征计算完毕后，就可以根据特征进行专题提取。通常而言，专题提取可以分为单类地物提取和多类全覆盖提取。其中前者常使用规则集（Rule set）的方法进行提取，而后者则通常采用机器学习中的监督分类或监督分类方法。

有关分割、特征计算、专题提取等具体的技术细节详见本章后续小节。

5.2　面向对象分析中的关键技术

5.2.1　影像分割

在影像分辨率较高的情况下，像素所对应实际地物的尺寸明显要小于地物的平均尺寸。在这种情况下，影像分割作为一种"区域化"的工具，就成为了将影像中地物细节聚集起来的有效手段（S. Lang）。因此，影像分割是面向对象分析技术框架中极为重要的一个环节。

影像分割的过程往往会受到"欠分割"与"过分割"的影响。所谓欠分割，就是创建的地物对象比实际中地物的尺寸大，而过分割则正好相反，会将真实的地物分割为许多小区域。无论是欠分割还是过分割，都不能准确的表达真实地物的特征，并且会影响后续分类、变化检测的精度。（M. Hussain，2013）

目前，影像分割算法多种多样，按照驱动模型来划分，可以分为基于聚类的分割方法和基于活动轮廓线的分割方法，前者在分割过程中常常需要比较类别间的相似性程度，进而判断对象是否分裂或者合并，常见的有基于图论的聚类、层次聚类法等，而后者则是基于偏微分方程（PDE）的方法使地物之间的分割线所围成的曲线按照能量最小的方向衍化，从而获取最优分割，该方法包括基于边界的活动轮廓模型法（Snakes 算法）和基于区域的活动轮廓模型方法两大类。由于基于活动轮廓线的分割方法需要给定初始分割，并且计算量较大，故常用于半自动地物提取；而需要全自动无缝分割结果时，一般采用基于聚类的分割方法，常用算法有基于图论最小生成树的分割与 SLIC 超像素分割（崔卫红，2010）。

1. 基于图论最小生成树的分割

基于图论最小生成树的分割的基本思路就是通过影像构建一个满足以下条件的无向图：

（1）该图的顶点（vertex）就是影像中的各个像素；

（2）影像中相邻的像素构成图中的一条边（edge）；

（3）图中的每一条边的权值，应代表像素间的相似性测度。

然后对这个图进行处理，按照某种合并准则，构造出最小生成森林，森林中每一棵树，就对应影像中的一个区域。由于分割完后会存在像素数较少的区域，因此构建出最小生成森林后，还需要对较小的区域进行合并处理。

具体实现中，要指定相似性测度，即构造边权函数。针对高分辨率遥感影像来说，常用的有以下三种（舒宁，2004）：

（1）波段加权欧式距离

$$d(x_i, x_j) = \sqrt{\sum_{k=1}^{n} \omega_k (x_{ik} - x_{jk})^2} \qquad (5.2.1)$$

（2）光谱角距离

$$d(x_i, x_j) = \frac{x_i^T x_j}{\|x_i\| \cdot \|x_j\|} \qquad (5.2.2)$$

（3）引入植被指数的边权构造

$$d(x_i, x_j) = |NDVI_{x_i} - NDVI_{x_j}| \qquad (5.2.3)$$

在构造最小生成森林的过程中，常用的算法是 Kruskal 算法

(崔卫红，2010)，即按照以下步骤进行：

(1)新建图 G，G 中的定点与原图相同，但是没有边；

(2)将原图中的所有边按照权值从小到大排序；

(3)从权值最小的边开始，如果该边的两个顶点不在图 G 的同一个连通分量中，则将该边添加到图 G 中；

(4)重复(3)中过程，直到权值超过所设定阈值 T；

(5)最后得到的每个连通分量，就是影像中聚集在一起的像素集合。

其中，阈值 T 越大，则最终的连通分量越少，分割出来的区域就越大。因此，阈值 T 可以用来表示分割的尺度。

2. SLIC 超像素分割

近几年来，超像素(Superpixel)分割算法被越来越多的应用于计算机视觉和高分辨率遥感影像处理中来。所谓超像素，是指影像中用来代替刚性像素格网的具有相似纹理、颜色、亮度等特性的相邻像素构成的图像块。超像素与基于图论分割结果的区别在于，每一个超像素的大小相近，形状更为规则。如图 5.2.1 所示。

图 5.2.1

目前，超像素的生成算法主要有标准割算法(Normalized cuts)、分水岭算法、Quick Shift、SLIC(简单线性迭代聚类,Simple Linear Iterative Clustering)等。各种算法的复杂度如表 5.2.1 所示。

表 5.2.1

算　法	复杂度	算　法	复杂度
Normalized cuts	$O(N^{\frac{3}{2}})$	Graph-based	$O(N\log N)$
Mean-shift	$O(N^2)$	Quick shift	$O(N^2)$
Watershed	$O(N\log N)$	SLIC	$O(N)$

由表 5.2.1 中的复杂度可以看出,SLIC 算法的复杂度最低,并且实际实验的时候,效率最高(Radhakrishna Achanta,2012)。SLIC 算法需要确定两个参数,分别是预期超像素边长 S 和光谱归一化系数 m,S 可以控制生成的超像素的大小,而 m 可以控制光谱与几何信息的权重。其基本思想就是使用局部 K-Means 算法对像素进行聚类,每个像素寻找最近的聚类中心时,只在其周围 $2S \times 2S$ 的范围内搜寻,比传统的 K-Means 算法进行全局搜索效率要快得多,同时也不会产生零碎、孤立的区域,如图 5.2.2 所示。

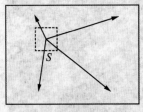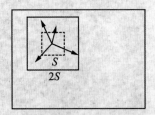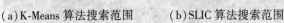

(a)K-Means 算法搜索范围　　　(b)SLIC 算法搜索范围

图 5.2.2　K-Means 算法与 SLIC 算法搜索范围对比

SLIC 算法流程可以分为以下步骤:

(1)初始化聚类中心,按照 $S \times S$ 划分格网,每个格网的几何中心定为初始聚类中心;

(2)每个像素在周围 $2S \times 2S$ 范围内寻找特征距离最近的聚类

中心；

(3)根据结果，计算新的聚类中心，不断迭代，直到收敛或达到最大迭代次数。

需要注意的是，原生 SLIC 算法中的特征空间距离函数是由 CIELAB 色彩空间 l、a、b 值与像素行列号 X、Y 共 5 维决定的。但是对于不只有三个波段的影像来说，无法计算其 l、a、b 值，因此我们可以直接使用像素的光谱值来代替 l、a、b 值。这样，特征空间的维数就变成了 $K + 2$ 维，其中 K 代表影像的波段数。距离函数如下

$$d_c = \sqrt{\sum_{k=1}^{k} (B_k^j - B_k^j)^2} \tag{5.2.4}$$

$$d_S = \sqrt{(x_i - x_j)^2 + (y_i - y_j)^2} \tag{5.2.5}$$

$$D = \sqrt{\left(\frac{d_c}{m}\right)^2 + \left(\frac{d_s}{S}\right)^2} \tag{5.2.6}$$

其中，B_k^j 表示第 k 波段第 j 像素的光谱值，S 为预期超像素边长，m 为光谱归一化系数。从公式中可以看出，m 值越大，光谱信息所占比重就越小，生成的超像素就越接近于正方形。

5.2.2 半自动地物提取

影像分割方法种类繁多，除了基于数据驱动的聚类分割的方法以外，还有一种基于活动轮廓模型(Active Contour)的分割方法。与前者不同，基于活动轮廓模型的方法需要有初始分割，而此过程一般需要由人工手动勾画，因此可以将此应用于半自动地物提取中。

常见的活动轮廓模型有以下两种：基于边缘的活动轮廓线模型(Snakes 模型)和基于区域的活动轮廓线模型(Chan-Vese 模型)(Chan 2001, Getreuer, Pascal)。二者都是基于偏微分方程(PDE)、水平集理论(Level-set)和能量最小化准则的。

1. Snakes 模型

Snakes 模型是一种能够在有噪声的影像中，提取物体轮廓的框

123

架，由 Kass 等学者于 1987 年提出（Kass, M. 1988）。其基本思想来自于物理的变形模型，即认为物体的边缘具有弹性，可以在内部能量（internal energy）和外部能量（external energy）作用下不断变形，使得总能量达到最小值。其中，内部能量由轮廓的形状决定，而外部能量则由影像决定。

一个弹性的轮廓线，由点集合、内部弹性能量项与外部基于边界的能量项所确定。在应用于影像分割时，一般先在待提取的地物外勾画一个多边形，然后轮廓线自动收缩，直至达到总能量的最小值（即贴合地物边界）。其中，总能量是一个内部能量与外部能量的和。

轮廓的内部能量 E_{internal} 由两部分组成，分别是表示轮廓应力的 E_{cont} 和表示轮廓样条曲线能量的 E_{curv}，公示如下

$$E_{\text{internal}} = \frac{1}{2}\int_0^1 \left(\alpha(s) \left\| \frac{\mathrm{d}\,\overline{v}}{\mathrm{d}s}v(s) \right\|^2 + \beta(s) \left\| \frac{\mathrm{d}^2\,\overline{v}}{\mathrm{d}\,s^2}v(s) \right\|^2 \right)\mathrm{d}s$$

$$(5.2.7)$$

公式中 $\alpha(s)$ 控制着轮廓的应力，作用是调节 Snake 模型的伸缩力；$\beta(s)$ 控制模型的物理行为和局部连续性。由于 $\alpha(s)$ 控制着轮廓曲线一阶导矢模分量，$\alpha(s)$ 越大，轮廓收缩的速度越快；而 $\beta(s)$ 控制着轮廓曲线二阶导矢模分量，$\beta(s)$ 越大，轮廓越平滑。

外部能量 E_{external} 则由轮廓在影像上的积分计算而得，即

$$E_{\text{external}} = \int_0^1 - \left| \nabla I(v(s)) \right|^2 \mathrm{d}s \qquad (5.2.8)$$

其中，$\nabla I(v(s))$ 表示影像梯度。

总能量 E 就表示为

$$E = \frac{1}{2}\int_0^1 \left(\alpha(s) \left\| \frac{\mathrm{d}\,\overline{v}}{\mathrm{d}s}v(s) \right\|^2 + \beta(s) \left\| \frac{\mathrm{d}^2\,\overline{v}}{\mathrm{d}\,s^2}v(s) \right\|^2 \right)\mathrm{d}s - \int_0^1 \left| \nabla I(v(s)) \right|^2 \mathrm{d}s$$

$$(5.2.9)$$

根据拉格朗日定理，并结合泛函分析，可以计算出能量最小时轮廓的参数方程，继而求得待提取地物的轮廓矢量。

将其应用于高分影像半自动提取中时，可以通过 GIS 平台的编

辑功能，勾画出初始地物轮廓，然后带入模型，最终得到收缩的地物边界，如图 5.2.3 所示。

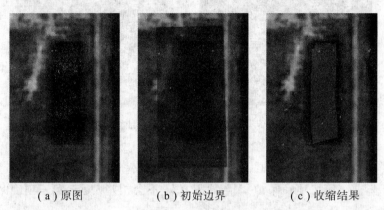

（a）原图　　　　　　（b）初始边界　　　　　（c）收缩结果

图 5.2.3　基于 Snakes 模型半自动地物提取示意图

2. Chan-Vese 模型

基于区域的活动轮廓模型方法最早由 Mumford 和 J. Shah 提出，与 Snakes 原理类似，该方法的基本思想是在给定图像的基础上，为寻找图中对象而进行曲线演化（curve evolution），曲线始终向能量最小的方向移动，直到找到边界。Tony F. Chan 和 Luminita A. Vese 在此基础上提出了一种基于水平集（Level Set）的与对象边界无关的曲线演化方法，并给出了基于 Mumford-Shah 泛函分析的最优化求解方法（Chan 2001）。该方法简化了活动轮廓模型，无需计算影像梯度，具有良好的拓扑性质，被称为"Chan-Vese 分割方法"（简称"CV 模型"）。如图 5.2.4 所示。与 Snakes 模型不同的是，CV 模型并不是先勾画出地物的初始轮廓，而是需要给定一个水平集函数。

Mumford-Shah 模型将影像 f 的分割问题，看做求取分段连续的函数 $u(x)$ 的一个最优化问题

$$\arg \min_{u,c} \text{Length}(C) + \lambda \int_{\Omega} [f(x) - u(x)]^2 \mathrm{d}x + \int_{\frac{\Omega}{C}} [\nabla u(x)]^2 \mathrm{d}x$$

$$(5.2.10)$$

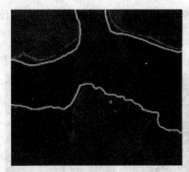

图 5.2.4　高分辨率遥感影像 CV 算法半自动地物提取结果

式中，C 为边界曲线；上式的第一项确保边界 C 的形状不会过于弯曲，第二项确保 $u(x)$ 与原图 $f(x)$ 不会相差太远，第三项确保 $u(x)$ 在 $\dfrac{\Omega}{C}$ 处可导。该问题得到最优解后，最终的 C 即为分割边界。

CV 模型则将 $u(x)$ 简化为一个二值函数

$$u(x) = \begin{cases} c_1, & x \text{ inside} C \\ c_2, & x \text{ outside} C \end{cases} \tag{5.2.11}$$

此时最优化问题变为

$$\arg\min_{C,\,c_1,\,c_2} \mu \text{Length}(C) + \nu \cdot \text{Area}(\text{inside}(C)) + \lambda_1 \int_{\text{inside}(C)}$$

$$|f(x) - c_1|^2 \mathrm{d}x + \lambda_2 \int_{\text{outside}(C)} |f(x) - c_2|^2 \mathrm{d}x \tag{5.2.12}$$

其中，第二项是新增的，是用来限制边界内部区域面积的（如果不考虑面积因素，可以设置 ν 为 0），后面两项的意义与 Mumford-Shah 模型的最优化表达式的第三项相同。

CV 模型对边界的描述，并没有采用显式的表达，而采用了水平集的方法，即用一个三维的曲面与水平面（$z = 0$）的交线来表示边界。这样，边界可以用以下集合表示

$$C = \{x \in \omega : \varphi(x) = 0\} \tag{5.2.13}$$

其中，$\varphi(x)$ 就是水平集函数。此时，最优化表达式可以改写为

$$\arg\min_{C,\ c_1,\ c_2} \mu \int_{\Omega} \delta[\varphi(x)] |\nabla\varphi(x)| \mathrm{d}x + \nu \int_{\Omega} u[\varphi(x)] \mathrm{d}x + \lambda_1 \int_{\Omega}$$

$$|f(x)-c_1|^2 u[\varphi(x)] \mathrm{d}x + \lambda_2 \int_{\Omega} |f(x)-c_2|^2 \{1-u[\varphi(x)]\} \mathrm{d}x$$

$$(5.2.14)$$

其中，$u(x)$ 为单位阶跃函数，$\delta(x)$ 为单位冲激函数。（Chan, Tony F., Luminita A）。

有学者给出了该最优化问题的连续解和离散估计解，并使用下列倒圆锥函数作为初始水平集函数（Chan, Tony F., Luminita A）

$$\varphi_0(x,\ y) = r - \sqrt{(x-x_0)^2 + (y-y_0)^2} \qquad (5.2.15)$$

还有学者经过大量实验，认为棋盘格样式的初始水平集函数能够取得更好的收敛效果（Getreuer, Pascal.），表达式如下

$$\varphi_0(x,\ y) = \sin\left(\frac{\pi}{5}x\right)\sin\left(\frac{\pi}{5}y\right) \qquad (5.2.16)$$

根据公式，对高分影像进行 CV 分割时，影响分割效果的因素包括 μ、ν、λ_1、λ_2 以及初始水平集函数。一方面，由于 ν 是控制面积的参数，当其不为 0 时，如果无限迭代，最终分割线会完全消失；另一方面，λ_1 与 λ_2 表示被分割线所分割的两类区域一致性的权值，没有变化的必要。如图 5.2.5 所示。

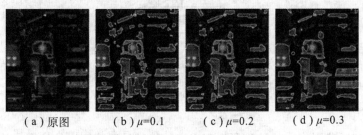

（a）原图　　　（b）$\mu=0.1$　　　（c）$\mu=0.2$　　　（d）$\mu=0.3$

图 5.2.5　参数 μ 对 CV 算法的影响，其中 $\nu=0$，$\lambda_1=1$，$\lambda_2=1$

然而，CV 模型对于小幅影像有着良好的效果，但是对大幅影像就无能为力了，因此为克服这一缺点，作者提出了基于 CV 模型的活动轮廓模型分割的交互式地物提取框架，如图 5.2.6 所示。

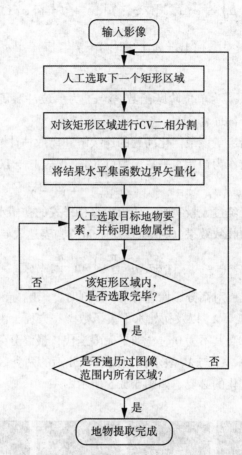

图 5.2.6　基于 CV 模型的人工半自动提取方法历程框图

5.2.3　特征提取

遥感影像上的地物所表现出来的特征是遥感解译的依据。从信息论的角度说，影像的空间分辨率越高，影像中所包含的信息量就越大。高分辨率遥感影像中，不仅含有光谱特征，同时含有丰富的纹理、几何特征；除此之外，还可以从影像中提取出拓扑特征、上下文信息关系等特征(杜凤兰，2004)。

不同的遥感处理软件所采用的特征体系并不完全相同，例如

128

ENVI 软件面向对象分析模块中，将特征分为三类：光谱特征、纹理特征、几何特征；而 eCognition 软件在此基础上补充了许多光谱、纹理、几何特征，并且增加了不常用的层次特征、专题属性特征、场景特征等。表 5.2.2、表 5.2.3 分别为 ENVI、eCognition 软件的光谱、纹理、几何特征等常用特征一览表。

表 5.2.2 **ENVI 软件特征一览表**

特 征 类 别	特 征 名
光谱特征	光谱均值
	光谱最大值
	光谱最小值
	光谱标准差
纹理特征	纹理范围
	纹理均值
	纹理方差
	纹理熵
几何特征	面积
	边长
	紧致度
	凸度
	硬度(Solidity)
	圆度
	形状因子
	延展性
	矩形度
	主方向
	主方向边长
	次方向边长
	孔数
	孔洞面积比

表 5.2.3　　　　　　　**eCognition 软件特征一览表**

特 征 类 别		特 征 名
光谱特征		亮度
		光谱最大值
		光谱最小值
		光谱标准差
		偏度
		内边界均值
		外边界均值
		边界对比度
		相邻像素对比度
		相邻像素标准差
纹理特征	灰度共生矩阵（GLCM）	同质性
		对比度
		离散度
		熵
		二阶角距
		均值
		标准差
		相关系数
	灰度差异矢量（GLDV）	二阶角距
		熵
		均值
		对比度

特 征 类 别		特 征 名
几何特征	范围	面积
		边长
		边长厚度比
		像素个数
		厚度
	形状	紧致度
		对称度
		边界指数
		密度
		椭圆度
		主方向
		最大内切圆半径
		最小外接圆半径
		矩形度
		圆度
		形状指数
	位置	最大东坐标值
		最小东坐标值
		东坐标均值
		最大北坐标值
		最小北坐标值
		北坐标均值

　　除了商用软件中已经使用过的这些特征外，许多专家学者也提出了新的特征提取算法。例如基于结构的纹理特征提取（基于图的语法结构分析、数学形态法）、基于模型的纹理分析（马尔科夫随

机场、分形模型)、基于频谱的纹理分析方法(小波变换、Gabor 方法)等(林小平，2010)。

5.2.4　自动分类

与传统基于像素分类方法一样，面向对象的遥感影像自动分类技术的本质，就是模式识别。在面向对象分析中，将影像分割成为对象，并进行光谱、几何、纹理等特征计算后，就可以采用模式识别(或机器学习)的方法对所有对象在特征空间中进行自动分类。

自动分类算法主要分为两大类，监督分类和非监督分类。二者的区别在于，前者需要有先验知识，即人工选取的样本，而后者则是全自动完成(孙家抦，2009)。在面向对象分析过程中，对象的特征空间维数和提取的地物种类众多，完全采用非监督的算法，后处理所需的工作量就变得非常大。因此，监督分类算法被广泛地应用于高分辨率影像处理中。常用的高分辨率影像监督分类器有以下几种：

1. K 近邻分类器

最近邻算法最早由 Cover 和 Hart 提出。该方法假设有 c 类样本，第 i 类有 N_i 个训练样本($i = 1, 2, 3, \cdots, c$)，令第 i 类的判别函数为

$$g_i(x) = \min_k \|x - x_i^k\|, \ k = 1, 2, \cdots, N_i \qquad (5.2.17)$$

此时，判别规则为：若

$$g_j(x) = \min_i g_i(x) \qquad (5.2.18)$$

则判定 x 属于第 j 类。

由上述的最近邻算法可以推广到 K 近邻分类器。后者就是将寻找特征空间中距离元素 x 最近的 1 个样本改为寻找最相近的 K 个样本，然后这 K 个样本中，哪一类的样本最多，就判别 x 属于哪一类。可以证明，K 近邻分频器的错分率 P 与贝叶斯错误率 P^* 的关系可以表示为

$$P^* \leqslant P \leqslant 2P^* \qquad (5.2.19)$$

并且，当样本总数 $N \to \infty$ 时，K 越大，P 就越接近 P^*。

在实际应用时，可以利用剪辑近邻法、压缩近邻法等方法来减

少计算量(边肇祺, 2000)。

2. 朴素贝叶斯分类器

朴素贝叶斯分类方法是一种根据线性判别函数和贝叶斯判别规则来监督分类的算法(孙家抦, 2009)。该方法假设地物在特征空间服从正态分布, 则概率密度函数为

$$P(X) = \frac{|\Sigma|^{-\frac{1}{2}}}{(2\pi)^{\frac{\pi}{2}}} e^{-\frac{1}{2}(X-M)^{T}\Sigma^{-1}(X-M)} \qquad (5.2.20)$$

式中, X 表示特征向量, M 为均值向量, Σ 为协方差矩阵

根据贝叶斯公式, 经过简化的判别函数为

$$d_i(x) = -\frac{1}{2}(X - M_i)^{T}\Sigma_i^{-1}(X - M_i) - \frac{1}{2}\text{In}|\Sigma_i| + \text{In}P(\omega_i)$$

$$(5.2.21)$$

式中, $P(\omega_i)$ 为第 i 类的先验概率。该方法就将分类问题转化为了最优化问题:

$$\arg\min_i d_i(x) \qquad (5.2.22)$$

可以证明, 该方法与基于最小错误的贝叶斯判别法是等价的。并且从理论上来说, 该算法能取得比 K 近邻算法更好的效果。但由于朴素贝叶斯算法假设特征空间的分布符合正态分布, 而高分影像对象提取的特征信息并不全部符合, 因此在实际应用中, 该算法的效果并不太理想。

3. 支持向量机分类器

上述两种传统的基于统计的模式识别方法, 需要足够大的样本量作为分类精度的保证, 在实际工程运用中, 一方面降低了自动化的程度, 但另一方面也提高了人工成本。近几年来, 随着机器学习理论的发展, 支持向量机(SVM)理论逐渐成熟起来, 支持向量机分类方法在解决小样本、非线性及高维模式识别问题中有许多优势(边肇祺, 2000; 李蓉, 2002)。

原始的 SVM 模型是专门针对二类分类问题的, 该模型将训练样本集按照类别被线性划分为独立的区域, 并使得区域间距最大化, 得到最优分类超平面。然后再将测试样本按照这个最优分类超

平面进行分类。

(1) 最优分类超平面

在样本线性可分的 d 维空间中，线性判别函数形式为：$g(x) = \omega \cdot x + b$，分类面方程为

$$\omega \cdot x + b = 0 \tag{5.2.23}$$

将判别函数归一化，使离分类面最近的两个样本的 $|g(x)| = 1$，此时，两类间隔为 $\dfrac{2}{\omega}$。使 $|g(x)| = 1$ 成立的样本，称为"支持向量"。

可以证明，最优分类面的求解就转化成为下面的最优化问题

$$\begin{cases} \min\limits_{w,\,b} L(w) = \dfrac{1}{2} \|w\|^2 \\ \text{s.t. } y_i(\omega^T x_i + w_0) \geqslant 1, \ i = 1,\ 2,\ \cdots,\ n \end{cases} \tag{5.2.24}$$

可以根据 Lagrange 乘子法，求得最优权值 ω^*。此时，解决线性可分问题的最优分类函数为

$$f(x) = \text{sgn}(\omega^* \cdot x + b^*) \tag{5.2.25}$$

训练样本中，由于只需要取得 $|g(x)| = 1$ 成立的样本，即只需要少量样本作为支持向量，因此，SVM 算法具有稀疏性。

(2) 广义最优分类面

实际情况中，训练样本并不能保证一定是线性可分的。在线性不可分的情况下，不能使所有样本都满足 $|g(x)| \geqslant 1$，因此可以在公式 (5.2.24) 左侧加上一个松弛项 $\xi_i \geqslant 0$，即约束条件变为

$$y_i(\omega^T x_i + \omega_0) + \xi_i \geqslant 1 \tag{5.2.26}$$

求解过程与线性可分的情况类似，其等价的最优化问题就变为

$$\begin{cases} \min\limits_{w,\,b} L(w) = \dfrac{1}{2} \|w\|^2 + C \sum\limits_i \xi_i \\ \text{s.t. } y_i(\omega^T x_i + w_0) \geqslant 1 - \xi_i, \ i = 1,\ 2,\ \cdots,\ n \end{cases} \tag{5.2.27}$$

(3) 核函数与升维

虽然使用广义最优分类面能够部分解决线性不可分样本的问题，但是，实际问题中，数据维数较高时，采用上述方法进行分

类，往往会陷入维数灾难，且不能得到很好的效果。通常，面与面之间的分类面更接近于曲面，可以通过非线性映射的方法，将线性不可分的数据进行非线性变换，转换到高维的线性可分的空间中，提高可分性。

由于 SVM 所转化为的最优化问题的表达式中都有内积运算，因此，可以寻找输入空间中的某个函数，使其相当于特征空间中的内积操作，以克服升维所带来的维数灾难，而这种函数称为核函数。常见的核函数有：

①线性核函数

$$K(x, x') = (x, x') \qquad (5.2.28)$$

②多项式核函数

$$K(x, x') = [(x, x') + 1]^q \qquad (5.2.29)$$

③高斯径向核函数

$$K(x, x') = e^{\frac{-\lambda (x, x')^2}{N}} \qquad (5.2.30)$$

④S 型核函数

$$K(x, x') = \tanh(v(x, x') + c) \qquad (5.2.31)$$

SVM 算法的出现，大大提高了基于像素的遥感影像自动分类的精度，又由于其对样本数量的要求不高，大大减少了人工操作。将其引入到面向对象地物自动分类提取中来，理论上也能够提高分类精度与自动化程度。

5.2.5 规则集提取

规则集就是一系列规则的集合。在面向对象的地物提取过程中，可以按照对象的光谱、几何、纹理等特征，建立特定的规则集合，选取符合规则集的对象，从而实现地物提取。在目前流行的商用遥感软件如 eCognition、ENVI FX 中，都提供了建立规则集选取地物的功能。

面向对象地物提取中，一个规则往往是一个不等式或不等式组，例如

135

$$rectFit > 0.9 \qquad (5.2.32)$$

表示对象的矩形度需要大于 0.9。规则集由规则组成，但是规则与规则之间可能是"且"的关系，也可能是"或"的关系，例如在提取房屋时，可以设置一个规则集，其中包含以下两个规则

$$\begin{cases} rectFit > 0.7 \\ roundness > 0.7 \end{cases} \qquad (5.2.33)$$

这两个规则分别使用矩形房屋和圆形房屋，因此适用于"或"的关系。利用规则集进行地物提取对于操作人员经验要求较高，具有不确定性，并且，一旦数据源变更，原有的规则集可能就不适用了。

5.3　面向对象的变化检测方法分类

前文我们分析过，基于像素的变化检测算法在处理高分辨率影像时会产生许多问题。因此，面向对象的分析方法就被应用到了变化检测中来，并形成了一种面向对象的变化检测框架。现在主流的面向对象变化检测算法分为四类：对象直接变化检测、对象分类后变化检测、多时相对象变化检测以及与基于像素的方法混合而成的算法(Chen, 2012)。本节将简要介绍前三类算法。

5.3.1　对象直接变化检测

对象直接变化检测就是直接比较两时相影像中的相对应的对象之间的差异是否小于某一个阈值。搜索相对应的对象的方法，可以是人工勾选，也可以是自动提取；与基于像素的方法类似，阈值可以人工确定，也可以通过非监督的算法自动确定。除此之外，有的算法仅利用第一时相提取出来的对象，叠加到第二时相的影像中来，然后再进行比较。如图 5.3.1 所示。

目前现有的对象直接变化检测算法如表 5.3.1 所示(Chen, 2012；M. Hussain, 2013)。

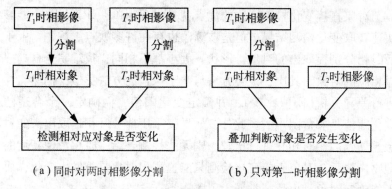

（a）同时对两时相影像分割　　　（b）只对第一时相影像分割

图 5.3.1　对象直接变化检测流程框图

表 5.3.1

提出者	算法描述
Miller（2005）	该算法利用联通性分析，分别在两个时相的灰度图中提取对象。然后对影像中每个对象使用一种匹配算法，在另一时相的对象中寻找相关联的对象，然后判断是否发生变化
Levebvre（2008）	作者利用对象的几何信息（大小、几何、位置等）和纹理信息（小波纹理），证实了这些信息能够有效地检测高分辨率影像中的变化信息
Hall & Hey（2003）	作者通过影像多级采样方法，对每层影像进行分割产生对象，并对每一层的对象的光谱信息，利用 OTSU 算法自动求取变化阈值。该方法有效地去除了影像中条带噪声的影响
Gong（2008）	该算法使用了多尺度的思想，即从影像中构建一个多尺度的对象层次模型。然后人工确定两时相中的相关联的对象，并进行结构化的变化检测
Chen & Hutchinson（2007）	作者分别采用了相关分析、主成分分析、边界紧致度分析三种算法，对相关联的对象进行检测。前两种算法与基于像素的相关分析与主成分分析算法类似。利用该方法，作者有效地提取出了地震产生的变化区域

对象直接变化检测算法的优点就是实现简单,计算量小,能够快速获取变化检测结果。但是该算法也存在许多缺点。首先,由于两时相分别提取出的对象,形状、大小都不相同,很难完全自动搜寻相应的对象。其次,该类方法与基于像素的方法类似,仍然需要进行差异分析(阈值比较),并确定变化阈值,而确定一个合适的变化阈值是非常困难的。此外,如果仅采用前一时相提取出来的对象叠加到后一时相并进行比较,则无法检测到后一时相影像新增的地物。最后,对象直接变化检测只能检测出对象是否发生变化,而不能确定对象是由哪一类变为了哪一类。

5.3.2　对象分类后变化检测

对象分类后变化检测是实际工程中应用最为广泛的算法。因为对象直接变化检测算法只能判断区域是否发生变化,而对象分类后变化检测则可以确定发生变化的地物前一时相和后一时相中的类别(获得地物类别变化矩阵)。该类方法的核心思想就是先分别对两个时相影像进行面向对象的分类,然后再通过其他方法对分类后的结果进行变化检测。其流程图如图 5.3.2 所示。

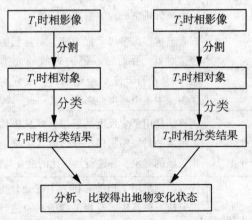

图 5.3.2　对象分类后变化检测流程框图

对象分类后变化检测中存在以下几个变量:影像预处理、分割算法、提取的特征、分类算法、检测算法。前几项前文中都有所涉及，而检测算法是指如何根据两个时相分类后的结果判断区域是否发生变化。最常见的一种方法就是采用 GIS 叠置分析，即将前一时相分类结果(矢量多边形数据)与后一时相的结果进行叠置，得到最终的检测结果。有学者分析指出，必须对两个时相的影像采用相同分割、分类算法以及相近的分割分类参数，才能够使用对象分类后变化检测算法(Stow，2010)。

对象分类后变化检测算法精度会受到影像几何配准、分割误差、分类误差影响。我们很难通过这类算法判断地物发生变化是真实变化还是由于上述误差造成的。但是，由于能够直接获取地物类别变化矩阵，并且能够在 GIS 平台进行数据管理和后续操作，对象分类后变化检测算法仍然是最常用的面向对象变化检测算法。

5.3.3　多时相对象变化检测

前面两类方法都是对不同时相影像进行分割或分类处理，然后再进行变化检测。由于不同时相获取的影像的光照条件、太阳高度角等因素往往不同，导致影像分割、分类结果在几何形态上差异较大(Wulder，2008)。而多时相对象变化检测算法则一开始就将各个时相的影像波段叠加在一起，同时对场景内的影像进行分割、分类处理，使得分割产生的对象更能够反映地理实体。具体的算法如表 5.3.2 所示(Chen，2012；M. Hussain，2013)。

表 5.3.2

提出者	算法描述
Desclée (2006)	算法对多时相的影像集合整体进行分割，然后对各时相的对象计算对象的光谱信息，最后根据卡方检验(χ^2 检验)来判断对象是否发生变化。实验结果表明，该算法的检测精度大于 90%，Kappa 系数大于 0.8

续表

提出者	算法描述
Bontemps 等（2008）	与 Desclée 方法类似，但采用马氏距离和基于阈值的方法来判断对象是否发生变化
Conchedda（2008） Stow（2008） Duveiller（2008） Park（2008）	采用自动分类方法来判断对象是否发生变化。具体来说，分别使用了 K 近邻分类器、模糊聚类等监督分类算法和 ISODATA、变化矢量分析等监督算法
Li（2009）	作者针对高分辨率 SAR 影像，采用了一种渐进式分割框架：首先，对第一时相的影像进行分割，并转化为专题图层；然后，结合此专题图层，对第二时相影像进行分割。这样做的目的就是，用前一时相的分割结果，限制后续影像生成的对象的形状，以避免不同时相影像分割结果不一致

这类方法对不同时相影像一起分割，使得生成的对象在几何形状、大小、位置等方面都具有一致性。但是由于同一个位置不同时间可能存在着不同的地物，因此这类方法不能够判断地物是如何发生变化的（Chen，2012）。并且，由于光谱信息被叠加到一起，这类算法可能会受到几何配准误差的影响，而降低变化检测精度。

5.4　对象分类后变化检测算法的实验及结果分析

5.4.1　实验一

本次实验使用的两个时相影像均是天津市某地区的 SPOT5 卫星影像，获取时间分别为 2008 年 4 月与 2009 年 2 月，空间分辨率均为 2.5m，波段数量为 3。对两幅影像进行几何校正、辐射处理，结果如图 5.4.1 所示。

对预处理后的影像，进行基于图论最小生成树分割，分割尺度

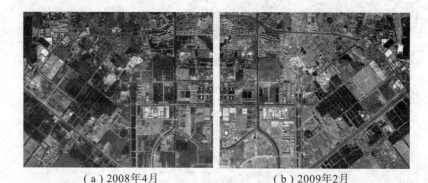

（a）2008年4月　　　　　　　（b）2009年2月

图 5.4.1　两时相经过预处理后影像

选择为 20(反复试验确定)。分割结果如图 5.4.2 所示。

图 5.4.2　第一时相影像分割结果

　　然后，分别对两个时相的对象进行特征提取。本实验选取了 13 个光谱特征与 8 个几何特征，详细特征如表 5.4.1 所示。

　　特征提取后，人工选取样本对象，对所有对象进行基于线性核的支持向量机的监督分类(分为绿地、水域、建筑用地三类)，产生的分类结果如图 5.4.3 所示。

表 5.4.1　　　　　　　　　　实验一所选特征列表

特征类型	特征名称	特征空间维数
光谱特征	亮度	1
	光谱均值	3
	光谱标准差	3
	光谱最大值	3
	光谱最小值	3
	总计	13
几何特征	面积	1
	边界长	1
	最小外包矩形的长	1
	最小外包矩形的宽	1
	坚固性	1
	矩形度	1
	圆度	1
	总计	8
总　　计		21

（a）2008年4月　　　　　　　　（b）2009年2月

图 5.4.3　分类结果(绿—绿地，蓝—水域，红—建筑用地)

分类后,对两时相的分类结果进行叠置分析,得到如图 5.4.4 所示的检测结果。

图 5.4.4 变化检测结果(红色区域表示变化区域,黑色反之)

得到检测结果后,对其进行精度评定,并将这个结果与基于像素的自适应阈值窗口差值法进行对比,结果如表 5.4.2 所示。

表 5.4.2

	未变→未变	未变→变化	变化→未变	变化→变化	总体精度	κ 系数
面向对象方法	30	5	7	18	80%	0.64
基于像素方法	30	10	5	15	75%	0.47

实验结果表明,较基于像素的检测方法,面向对象的变化检测算法能够有效提高变化检测精度。

5.4.2　实验二

　　实验二以国土部门的土地执法检查为例，进行变化检测实验，只关心农用地的利用情况，即是否有农用地被非法侵占为建设用地。实验二所用实验数据为非同源影像，分别是安徽省合肥市江南集中区两个不同时间获取的遥感影像。其中，前一时相影像为卫星影像，空间分辨率 1m；后一时相影像为无人机影像，空间分辨率0.5m。为方便进行后续变化检测，两幅影像均被拉伸至 2000×1840像素。影像如图 5.4.5 所示。

（a）第一时相(卫星影像)　　　　（b）第二时相(无人机影像)

图 5.4.5　原始影像

　　由图 5.4.5 可以看出，无人机所获取的影像受空气中雾霾影响严重，成像质量较差，难以直接处理。因此需对第二时相影像进行大气校正。由于面向对象变化检测流程不涉及定量操作，因此只用对无人机影像进行对比度拉伸(相对大气校正)即可，处理结果如图 5.4.6 所示。

　　预处理完后，对影像进行基于图论最小生成树的分割，分别对两时相影像反复试验，以确定最适阈值(由于影像非同源，会造成两幅影像的最适阈值相差甚远，相同阈值并不意味着相同的分割尺度，因此需要单独实验)。分割结果如图 5.4.7 所示。

图 5.4.6　第二时相影像大气校正结果

（a）第一时相(卫星影像)　　　　（b）第二时相(无人机影像)

图 5.4.7　分割结果

本实验中，所选择的光谱、几何、纹理特征，共有 181 个，如表 5.4.3 所示。

表 5.4.3　　　　　　　　　　　**实验一所选特征列表**

特征类型	特征名称	特征空间维数
光谱特征	亮度	1
	光谱均值	3
	光谱标准差	3
	光谱最大值	3
	光谱最小值	3
	内边界均值	3
	偏度	3
	总计	19
几何特征	面积	1
	边界长度	1
	矩形度	1
	圆度	1
	椭圆度	1
	不对称度	1
	边界指数	1
	紧致度	1
	延展性	1
	最大内切圆半径	1
	最小外接圆半径	1
	形状指数	1
	最大东坐标值	1
	最小东坐标值	1
	东坐标均值	1
	最大北坐标值	1
	最小北坐标值	1
	北坐标均值	1
	总计	18
纹理特征	灰度共生矩阵(半径为 1)	96
	灰度差异矢量(半径为 1)	48
	总计	144
	总　　计	181

　　然后人工选择样本区域，对两时相数据进行基于线性核的支持向量机的监督分类(水田、湖泊、道路、建筑物、裸露地共五类)，结果如图 5.4.8 所示。

(a)第一时相(卫星影像)　　　　　(b)第二时相(无人机影像)

(粉—建筑用地，黄—水田，蓝—湖泊，橙—裸露地，青—道路)

图 5.4.8　支持向量机分类结果

　　土地执法检查时，农用地表现为水田，而建设用地包括建筑物和裸露地。在这种情况下，需要将检测出来的变化类型简化为：水田变化为建筑物、水田变化为裸露地。通过适量叠置分析，可以提取这两类变化，如图 5.4.9(a)所示。从图 5.4.9(a)可以看出，大部分变化区域可以被检测出来，同时也存在着一定的伪变化被检测出来。另外检测结果存在明显的碎块，这些碎块往往是由噪声引起的，而并不代表实际地物。因此在变化检测后把孤立的区域作为噪声进行剔除，噪声剔除后的变化图像如图 5.4.9(b)所示。

　　精度评定如表 5.4.4 所示。

　　由表 5.4.4 可以计算出，变化检测实验的检全率为 77.87%，检准率为 76.2%。即有 77.87% 的变化区域被正确地检测出来，而存在 22.13% 的变化区域未能被检测出来，同时所有检测为变化的区域中，有 76.2% 的检测结果为正确的，而剩下的 23.8% 则为错检区域。

　　为了与基于像素的检测方法进行对比，作者还进行了一组对比实验。实验方法为对两幅影像进行基于像素的 SVM 分类，然后对

（a）变化检测原始结果   （b）变化检测去噪后结果

图 5.4.9 变化检测结果

分类后结果进行变化检测。其分类结果如图 5.4.10 所示。对比所得的变化检测结果如图 5.4.11 所示。

表 5.4.4   **变化检测精度评定表**   （单位：m²）

变化情况	检测变化	检测未变化	总　　计
实际变化	158249	44981	203230
实际未变化	49420	/	/
总　　计	207669	/	/

（a）第一时相(卫星影像)   （b）第二时相(无人机影像)

图 5.4.10 基于像素方法分类结果

图 5.4.11 基于像素方法变化检测结果(黑色为未变化区域)

精度评定结果如表 5.4.5 所示。

表 5.4.5

变化情况	检测变化	检测未变化	总　　计
实际变化	39855	163375	203230
实际未变化	554811	/	/
总　　计	594736	/	/

由表 5.4.5 可以计算出,基于像素的变化检测检全率仅为 19.61%,而检准率则为 6.7%,远低于面向对象的检测方法。这也证明基于像素的变化检测方法是难以用于实际生产的。产生这样的结果主要有两个原因,第一是影像只含有 3 个波段,只利用光谱信息进行分类,类别间的混分现象严重,很难取得理想的分类效果。第二是基于像素的分类结果受像素噪声的干扰严重,地物中的噪声

149

像素常常被归为与该地物相异的类别。

5.5　小　　结

本章简要概述了在高分辨率遥感影像处理与变化检测中，基于像素方法的局限性，并介绍了突破这一局限的面向对象方法的思想和关键技术。除此之外，本章探讨了对面向对象变化检测方法的分类。最后，进行的两个实验，验证了面向方法相比于基于像素方法的优越性，并且证明了面向对象变化检测能够适用于非同源影像。

第6章　高分辨率遥感影像变化检测系统的研究与实现

6.1　系统研发背景

近年来，高分辨率遥感影像的面向对象分析方法已经成为了高分辨率遥感影像的主流处理方法。许多商业公司都开发出了面向对象影像处理系统或者面向对象处理模块，如 eCogintion、ENVI 的 Feature extraction 模块、ERDAS IMAGINE 的 Objective 模块等（Trimble 2011，ESRI China 2010）。但是，目前市场上还没有一个将面向对象处理技术与变化检测紧密结合的成熟软件。而随着智慧城市、地理国情监测的发展，采用高分辨率影像进行变化检测的需求也越来越强烈。因此，开发一套完整的高分辨率影像变化检测系统意义重大。

本章将简要描述高分辨率遥感影像变化检测系统（后文简称"变化检测系统"）的设计目的、技术路线以及功能设计，并且介绍武汉大学测绘遥感国家重点实验室与安徽省第四测绘院联合开发的面向对象高分辨率遥感影像变化检测系统。

6.2　高分辨率遥感影像变化检测系统

6.2.1　系统目标

变化检测系统最核心的部分就是"面向对象变化检测框架"。因此，系统中要实现完整的面向对象变化检测流程，这其中就包括了影像分割、属性特征提取、影像分类等算法。除了常规方法以外，该系统还应该包含半自动交互工具、向导式的操作界面，使得系统更加灵活，更能应用于土地检查、国情监测、灾情监测等实际项目中。

虽然核心是面向对象变化检测，系统仍然需要实现完整的基于像素的变化检测框架，使其应用范围可以增加至中低分辨率的遥感影像。

综上所述，变化检测系统的设计目标有以下几点：

（1）实现完整的面向对象变化检测流程；

（2）以该系统为基础，为其他土地变化检测相关工作提供参考借鉴，比如国情监测、灾情监测等工作；

（3）交互界面友好，使用方便，拥有向导式的操作界面；

（4）实现半自动交互工具，辅助结果的精细化；

（5）拥有完整的、传统的基于像素的变化检测模块。

6.2.2　系统开发环境

变化检测系统由于在进行变化检测时要对大量的栅格、矢量数据进行交互、编辑等操作，所以要依托于 GIS 平台。目前常用的 GIS 开发平台有两种，一是 ESRI 公司的 ArcGIS Engine Develop Kit（后面简称"Arc Engine"），另一个是开源的 QGIS。

Arc Engine 是 ESRI 公司推出的一系列 GIS 组件和开发资源的集合，可以用来开发嵌入式的或者独立的 GIS 程序①。AE 基于微软的 .Net 平台，拥有强大的空间数据显示、交互、计算功能。如果变化检测系统基于此平台二次开发，能够很容易地做出系统界面，但其只能运行在 Windows 系统上，并且程序只能是 32 位的。

而 QGIS 则是一款开源的地理信息系统软件，该软件采用跨平台的 C++框架 Qt 开发，因此 QGIS 可以运行在 Windows、Mac OS、Linux 系统中。QGIS 能够提供简单的空间数据显示、交互功能，可以很容易地编写插件进行扩展或者利用其 QGIS API 开发出独立的程序。如果变化检测系统基于 QGIS 平台，则拥有跨平台的优势，

---

① http://www.csri.com/software/arcgis/arcgisengine/。

并且能够构建出性能更好的 64 位程序，但是 QGIS 是基于 GPL 许可证的，因此由其衍生出的程序也要公开源代码①。

6.2.3 数据管理

变化检测系统中，需要对大量的空间数据进行管理，其中包括原始影像图、基于像素检测结果图等栅格数据，也包括分割生成的矢量地块数据、分类生成的专题数据、半自动地物提取数据等矢量数据；除此以外，系统中还要编辑分类所需的训练样本，以及进行精度评定所用的检测样本。对于 Arc Engine 软件和 QGIS 软件而言，都能够对这些空间数据进行管理、编辑。

除了空间数据外，变化检测系统在进行面向对象分析时会产生大量的属性数据。最简单的处理方法就是存储成二进制文件，这种方法的最大优点就是占有存储空间最小，但是二进制文件不方便动态增加、删除操作，也不方便进行复杂的查询。克服这个缺点的方法就是将属性数据存入关系数据库，在属性数据入库的过程中虽然效率稍差于直接写入二进制文件，但是数据的稳定性（开启事务）得以提高，并且用户能够灵活使用 SQL 语句对矢量数据进行增、删、改、查，方便系统利用规则集进行后续的地物提取等操作。

6.2.4 系统技术路线

根据现有变化检测算法，可以提出一个高分辨率遥感影像变化检测框架的技术路线。如图 6.2.1 所示，技术路线主要包含三大部分：数据准备、变化检测、数据输出。其中，数据准备部分包括对多时相影像的收集，对影像的几何、辐射校正，以及其他先验知识的获取（由于大部分遥感图像处理或者 GIS 软件都包含数据预处理功能，所以变化检测系统不强制要求实现这一部分功能）；变化检测部分包含本书前文所介绍的所有基于像素的变化检测算法、面向对象的变化检测算法和半自动、手动变化检测算法；而数据输出部分的存在是为了满足生产实践的需要，包含变化检测后处理、统计

---

① http：//docs. qgis. org/2.6/en/docs/user_ manual/preamble/foreword. html.

分析、专题输出等流程。

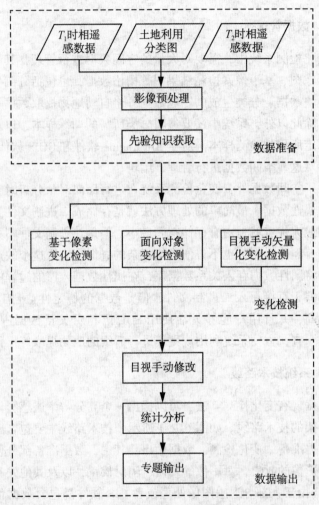

图 6.2.1　高分辨率遥感影像变化检测框架的技术路线

6.3　系统功能设计

为了实现上一小节提出的目标，变化检测系统至少需要包含空间数据管理与交互、属性数据管理与可视化、面向对象分析、矢量变化检测、基于像素变化检测、变化检测后处理等六大功能模块。

6.3.1 空间数据管理与交互

前文提到,变化检测系统中要处理包括栅格数据、矢量数据在内的空间数据,因此,系统中要包含空间数据的显示、编辑功能,以及空间数据图层管理功能。此外,还要包含训练样本、测试样本的选择、修改功能。

6.3.2 属性数据管理与可视化

除了空间数据外,属性数据的管理功能也不可或缺。前文提到在系统中,属性数据存储于数据库中,系统应提供直接和间接管理数据的功能。直接管理是指让用户输入 SQL 语句操作数据库;而间接管理则是提供用户一个可视化窗口,让用户下达简单的命令(如点击按钮),系统再将命令转化为 SQL 语句,这样可以使操作更为简便。

与管理功能不同,数据可视化功能(例如生成某个特征的直方图)则可以为用户提供直观的感受,方便用户后续操作(如规则集提取)。

6.3.3 面向对象分析

面向对象分析功能模块是系统的核心模块,包括影像分割、特征提取(光谱特征、几何特征、纹理特征等)、自动分类、半自动提取(Snakes 算法等)、规则集提取等算法和精度评定的功能。由于影像分割、分类算法多种多样,系统因此可以采用插件式开发,在运行时动态加载具体算法所对应的插件,提高系统的灵活性(Qt与 . Net 平台均支持插件动态加载)。

6.3.4 矢量变化检测

对不同时相的数据进行特征提取得到分类矢量面数据之后,我们可以将两个不同时相的分类矢量面数据进行叠置分析,从而得到变化图斑,并可以统计变化类型的数量和面积。

另外，该模块也可以支持栅格影像数据与已有矢量数据进行变化检测。

6.3.5　基于像素变化检测

变化检测系统中，虽然面向对象变化检测方法是主流方法，但仍然需要基于像素的变化检测工具，来处理中低分辨率遥感影像的变化检测。

基于像素变化检测模块中，要包括经典的差异分析(差值法、比值法等)等检测算法，也要包括各种自动二值化(自动阈值，如Otsu算法)的算法。

6.3.6　变化检测后处理与精度评定

变化检测完成后必须对变化检测结果做进一步的处理，使得变化检测结果更加直观。另外，还要对检测结果进行精度评定，供生产实践参考。

最常见的后处理操作就是将变化检测结果制作成专题地图或者发布为 Web 地图。此外，变化检测后处理还包括细小区域合并等结果精化算法。

变化检测精度评定模块要能够生成混淆矩阵，计算总体精度、Kappa 系数、检全率、检准率等指标。

6.4　实例分析

根据上述变化检测系统的目标、技术路线、功能设计，本节将介绍一个面向对象变化检测系统的实例——无人机影像变化检测系统 UCDS(Unmanned aerial vehicle Change Detection System)。

6.4.1　系统简介

UCDS 是根据《无人飞机航摄系统在国土资源管理中的技术研究》项目需求，由武汉大学测绘遥感国家重点实验室与安徽省第四测绘院联合开发的面向对象的无人机影像变化检测系统。UCDS 虽然设计时只针对无人机影像数据，但也能处理普通的卫星遥感影像数据，属于高分辨率遥感影像变化检测系统。

　　UCDS 在 Arc Engine 平台上进行二次开发，对不同时相的无人机影像进行对比分析，采用面向对象遥感变化检测的方法，找出土地利用类型发生变化的区域，再通过有效的 GIS 可视化手段对输出数据结果进行表达，开展动态监测研究，使得能够利用无人机影像进行土地执法。系统实现从无人机影像输入到最后违法图斑的检测输出，提高土地执法的工作效率，指导管理部门和生产单位的应用。

6.4.2　系统功能设计

　　UCDS 主要包括人工手动、半自动变化检测模块、基于像素的变化检测模块、面向对象的变化检测模块、变化检测辅助工具模块等四大模块。其各模块下包含多个功能子模块，系统功能设计如图 6.4.1 所示，其中面向对象的变化检测模块是系统的核心。

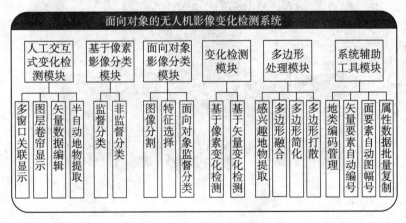

图 6.4.1　系统功能设计

　　UCDS 由于其针对性更强(针对土地执法检查)，其系统功能与 6.3 节中所描述的变化检测通用系统的功能有所差异。

　　例如在空间数据可视化方面，UCDS 可以提供多时相影像关联显示，即可以将多个窗口进行关联显示，当对其中一个窗口进行放大、缩小、漫游操作时，其他关联窗口同步显示，便于用户对多幅影像数据比较判断；还提供图层卷帘查看功能，当在同一窗口中有两个或多个图层时，可以使用卷帘功能更加清晰地对比显示不同图层之间的差异。

再例如变化检测后处理方面，UCDS 提供了多边形融合、打散、简化等功能，减少数据存储空间；此外，系统还提供地类编码管理、要素自动编号、面要素自动图幅号生成、属性数据批量复制等生产实践中常用的功能。

6.4.3　系统界面设计

如图 6.4.2 所示，系统界面设计力求布局合理、操作简单方便、便于操作人员对比分析影像。界面布局的基本原则是：

图 6.4.2　UCDS 系统启动界面

（1）在整个界面上，尽可能大地显示图形区域；
（2）界面的布局简明，避免过多的菜单重叠，交错和重复的

现象;

（3）可以开多个地图窗口，并且不同地图窗口可以在同一个计算机的多个显示器上显示;

（4）对图的操作提供尽可能多的工具，让用户使用方便。

如图 6.4.3 所示，系统界面采用类似于 ERDAS 的模块化的布局方式，即工具栏上不同的选项分别对应不同的功能模块，各个选项按照功能分类被布局在不同的模块里，这样既保证了系统的实用性又体现了系统的美观和协调性。

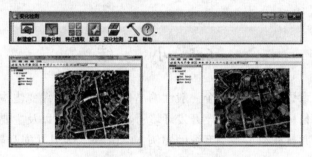

图 6.4.3　UCDS 工作界面

如图 6.4.4 所示，在实现变化检测技术路线时，系统提供了向导式的操作界面，方便用户快速掌握面向对象分析的流程，得到面向对象分析的结果。

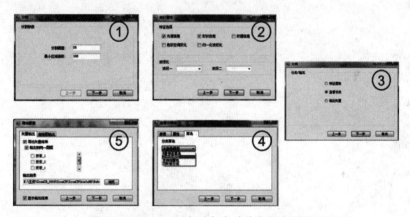

图 6.4.4　UCDS 面向对象自动分类的向导界面

6.4.4　系统小结

UCDS 是一个面向对象变化检测系统，实现了可视化的面向对象变化检测技术框架，提高了变化检测效率，降低了使用人员的学习成本。此外，UCDS 能够自动或人工辅助相结合进行地物提取、编辑，并且提供了一系列实用性较强的检测后处理功能，

但是，UCDS 仍然不是一个成熟的系统，还存在诸多问题，例如没有实现数据预处理功能、变化检测精度受人工样本选取影响较大等。

6.5　小　　结

本章详细介绍了一个一般性的高分辨率遥感影像变化检测系统的设计目标、技术路线、开发环境、数据管理方式以及主要具备的功能，并且介绍了一个系统的实例——UCDS，及其功能和界面。

参 考 文 献

[1] Radke R. J., Andra S., Al-Kofahi O., Roysam B.. Image change detection algorithms: a systematic survey. IEEE Transactions on Image Processing, Vol. 14, Issue 3, pp. 294-307, March, 2005.

[2] 承继成,郭华东,史文中等. 遥感数据的不确定性问题. 北京:科学出版社, 2004.

[3] 马建文,田国良,王长耀,燕守勋. 遥感变化检测技术综述. 地球科学进展, Vol. 19(2), pp. 192-196, 2004.

[4] 张路. 基于多元统计分析的遥感影像变化检测方法研究. 武汉大学博士学位论文, 2004.

[5] 赵庚星,Ge Lin. 基于 TM 数字图像的耕地变化检测及驱动力分析. 农业工程学报, Vol. 10, No. 1, pp. 289-301, 2004. 1.

[6] Rafael C. Gonzalez, Richard E. Woods 著,阮秋琦、阮宇智等译. 数字图像处理(第二版). 北京:电子工业出版社, 2004.

[7] D. Lu, P. Musel, E. Brondizio and E. Moran. Change Detection Techniques. International Journal of Remote Sensing, Vol. 25, No. 12, pp. 2365-2407, 2004.

[8] Frate F. D., Schiavon G., Solimini C.. Application of neural networks algorithms to QuickBird imagery for classification and change detection of urban areas. Proceedings of IEEE International Geoscience and Remote Sensing Symposium, IGARSS'04, Vol. 2, pp. 1091-1094, 2004.

[9] Hee Young Ryu, Kiwon Lee, Byung-Doo Kwon. Change Detection for Urban Analysis with High Resolution Imagery: Homomorphic Filtering and Morphological Operation Approach. Proceedings of

IEEE International Geoscience and Remote Sensing Symposium, IGARSS'04, Vol. 2, pp. 2662-2664, 2004.

[10] Liu Y. B., S. Nishiyama, T. Yano. Analysis fo four change detection algorithms in bi-temporal space within a case study. International Journal of Remote Sensing, Vol. 25, No. 11, pp. 2121-2139, 2004.

[11] Yuanbo Liu, Soichi Nishiyama and Tomohisa Yano. Analysis for change detection algorithms in bi-temporal space with a case study. International Journal of Remote Sensing, Vol. 25, No. 11, pp. 2121-2139, 2004.

[12] Volker Walter. Object-based classification of remote sensing data for change detection. Photogrammetry & Remote Sensing, Vol. 58, pp. 225-238, 2004.

[13] 李德仁. 利用遥感影像进行变化检测. 武汉大学学报·信息科学版, Vol. 28 特刊, pp. 7-12, 2003. 5.

[14] Thomas M. Lillesand, Ralph W. Kiefer 著, 彭望琭, 余先川等译. 遥感与图像解译(第四版). 北京: 电子工业出版社, 2003.

[15] 文贡坚. 从新卫星遥感影像中自动发现变化区域. 武汉大学博士后出站工作报告, 2003.

[16] 赵英时. 遥感应用分析原理与方法. 北京: 科学出版社. 2003.

[17] 张继贤. 论土地利用与覆盖变化遥感信息提取技术框架. 中国土地科学, Vol. 17(4), pp. 31-36, 2003.

[18] Andra, S., O. AL-Kofahi, R. J. Radke, et al. Image Change Detection Algorithms: A Systematic Survey. Technical Report, Department of Electrical, Computer and Systems Engineering, Rensselaer Polytechnic Institute, New York, USA, 2003.

[19] Di, K., R. Ma and R. Li. Rational Functions and potential for Rigorous Sensor Model Recovery. PE&RS, 69 (1), 2003, pp. 33-41.

[20] Li Jiacun, Shaomeng Qian, Xue Chen. Object-oriented method of

land cover change detection approach using high spatial resolution remote sensing data. Proceedings of IGARSS'03, pp. 3005-3007, 2003.

[21] Li Jiang, R. M. Narayanan. A shape-based approach to change detection of lakes using time series remote sensing images. IEEE Transactions on Geoscience and Remote Sensing, Vol. 41, No. 11, pp. 2466-2477, 2003.

[22] Paul L. Rosin, Efstathios Ioannidis. Evaluation of global image thresholding for change detection. Pattern Recognition Letters, Vol. 24, pp. 2345-2356, 2003.

[23] Youcef CHIBANI and Hassiba NEMMOUR. Kalman Filtering as a Multilayer Perceptron Training Algorithm for Detecting Changes in Remotely Sensed Imagery. Proceedings of IEEE International Geoscience and Remote Sensing Symposium, 2003, IGAR SS'03, Vol. 6, pp. 4101-4103, July, 2003.

[24] 陈志鹏，邓鹏，种劲松，王宏琦．纹理特征在 SAR 图像变化检测种的应用．遥感技术与应用，Vol. 17, No. 3, pp. 162-166, 2002. 6.

[25] 龚健雅，朱欣焰，张晓东．北京市城市变化检测及综合应用项目设计书．2002. 11.

[26] 胡鹏，胡钜，杨传勇，吴艳兰．我国地球空间数据框架的设计思想、技术路线及若干理论问题讨论．武汉大学学报·信息科学版，Vol. 27, No. 3, pp. 283-287, 2002. 6.

[27] 刘直芳，张继平．变化检测方法及其在城市中的应用．测绘通报，pp. 25-27, 2002. 9.

[28] 倪林，冷洪超．机场区域变化检测研究．遥感技术与应用，Vol. 8, No. 4, pp. 187-192, 2002. 8.

[29] 孙丹峰，杨冀红，刘顺喜．高分辨率遥感卫星影像在土地利用分类及其变化监测的应用研究．农业工程学报，pp. 160-164, Vol. 18, No. 2, Mar. 2002.

[30] 眭海刚．基于特征的道路网自动变化检测方法研究．武汉大

学博士学位论文, 2002.

[31] Bruzzone L., D. F. Prieto. An adaptive semiparametric and context-based approach to unsupervised change detection in multitemporal remote-sensing images. IEEE Transactions on Geoscience and Remote Sensing, Vol. 11, No. 4, pp. 452- 466, 2002.

[32] Brian Pilemann Olsen, Thomas Knudsen, Poul Frederiksen. DIGITAL CHANGE DETECTION FOR MAP DATABASE UPDATE. PROCEEDINGS OF ISPRS COMMISSION II SYMPO SIUM, 20th-23rd, August, Xi'an, P. R. China, pp. 357-363, 2002.

[33] Chen X.. Using remote sensing and GIS to analyze land cover change and its impacts on regional sustainable development. International Journal of Remote Sensing, 23, pp. 107-124, 2002.

[34] Dhakal A. S., Amada T., Aniya M. and Sharma R. R.. Detection of areas Landsat TM data. Photogrammetric Engineering and Remote Sensing, 68, pp. 233-240, 2002.

[35] Liyuan Li, Maylor K. H. Leung. Integrating Intensity and Texture Differences for Robust Change Detection. IEEE Transactions on Image Processing, Vol. 11, No. 2, pp. 105-112, 2002.

[36] R. Thomas. Digital Map Updating from Satellite Imagery. PROCEEDINGS OF ISPRS COMMISSION II SYMPOSIUM, 20th-23rd, August, Xi'an, P. R. China, pp. 471-474, 2002.

[37] Rogan J., J. Franklin, D. A. Roberts. A comparison of methods for monitoring multitemporal vegetation change using thematic mapper imagery. Remote Sensing of Environment, Vol. 80, No. 1, pp. 143-156, 2002.

[38] Stow D. A. and Chen D. M.. Sensitivity of multitemporal Noaa AVHRR data of an urbanizing region to land-use/land-cover change and misregistration. Remote Sensing of Environment, 80, pp. 297-307, 2002.

[39] Timo Balz, Dieter Fritsch. Remote sensing and Geo-information systems as tools for sustainable development by integrated land use planning in China. The international archives of the photogrammetry, Remote sensing and spatial information sciences, Vol. 34, Part VII, 2002.

[40] Weng Q.. Land use change analysis in the Zhujiang Delta of China using satellite remote sensing, GIS and stochastic modeling. Journal of Environmental Management, 64, pp. 273-284, 2002.

[41] Zhang Q., Wang J., Peng X., Gong P. and Shi P.. Urban build-up land change detection with road density and spectral information from multitemporal Landsat TM data. International Journal of Remote Sensing, 23, pp. 3057-3078, 2002.

[42] 胡鹏, 黄杏元, 华一新. 地理信息系统教程. 武汉: 武汉大学出版社, 2001.

[43] 刘直方, 张剑清. 城区变化检测的一种方法. 测绘通报, No. 2, pp. 1-3, 2001.

[44] 刘亚文, 叶晓新. 城区人工地物变化检测方法的研究. 测绘通报, No. 7, pp. 9-11, 2001.

[45] 肖平. 土地利用覆盖变化探测技术研究. 武汉大学博士学位论文, 2001.

[46] 张晓东, 李德仁, 蔡东翔, 马洪超. α trous 小波分解在边缘检测中的应用. 武汉大学学报(信息科学版), 2001. 1.

[47] Carvalho L. M. T, Fonseca L. M. G., Murtagh F., Cleves J. G. P. W.. Digital change detection with the aid of multiresolution wavelet analysis. International Journal of Remote Sensing, 22, pp. 3871-3876, 2001.

[48] Hazel G. G.. Object-level change detection in spectral imagery. IEEE Transactions on Geoscience and Remote Sensing, Vol. 39, No. 3, pp. 553-561, 2001.

[49] Marie-Flavie Auclair Fortier, Djemel Ziou, Costas Armenakis,

Shengrui Wang. Automated Correction and Updating of Road Databases from High-Resolution Imagery. Canadian Journal of Remote Sensing, Vol. 27, No. 1, pp. 76-89, Feb. 2001.

[50] Petit C. C. and Lambin E. F.. Integration of multi-source remote sensing data for land cover change detection. International Journal of Geographical Information Science, 15, pp. 785-803, 2001.

[51] Wolfgang Krüger. Robust and efficient map-to-image registration with line segmen -ts. Machine Vision and Application. pp. 38-50, (2001) 13.

[52] 边肇祺, 边学工. 模式识别. 北京：清华大学出版社. 2000.

[53] 洪刚, 张继贤, 林宗坚. 测绘科学, Vol. 25, No. 3, pp. 43-45, 2000. 9.

[54] 蒋捷, 陈军. 基础地理信息数据库更新的若干思考. 测绘通报, No. 5, pp. 1-3, 2000. 5.

[55] 李德仁, 关泽群. 空间信息系统的集成与实现. 武汉：武汉测绘科技大学出版社, 2000.

[56] 廖明生, 朱攀, 龚健雅. 基于典型相关分析的多元变化检测. 遥感学报, 4(3): 197-201, 2000.

[57] 林宗坚. 用航空航天影像更新地形图地物要素的栅格化方法. 中国工程学, Vol. 4, No. 4, pp. 43-47, 2000. 4.

[58] 史培军, 宫鹏, 李晓兵等. 土地利用/覆盖变化研究的方法与实践. 北京：科学出版社, 2000.

[59] 朱攀, 廖明生, 杨杰, 刘良明. M 变化在 NOAA/AVHRR 数据变化检测中的应用. 2000, Vol. 25(2), pp. 143-147.

[60] Andreas Busch. Matching Linear Features from Satellite Images with Small-Scale GIS Data. International Archives of Photogram-metry and Remote Sensing, Vol. XXXIII, Part B2, pp. 97-104, Amsterdam, 2000.

[61] Anil K. Jain, Rober P. W. Duin, Jianchang Mao. Statistical Pattern Rcognition: A Review. IEEE Transactions on Pattern Analysis and Machine Intelligence, Vol. 22, No. 1, January,

166

2000.

[62] Bernd-M. Straub, Christian Wiedemann, Christian Heipke. Towards the Automatic Interpretation of Images for GIS Update. International Archives of Photogrammetry and Remote Sensing, Vol. XXXIII, Part B2, pp. 525-532, Amsterdam, 2000.

[63] Bruzzone L., D. F. Prieto. Automatic analysis of the difference image for unsupervised change detection. IEEE Transactions on Geoscience and Remote Sensing, 38(3), pp. 1171-1182, 2000.

[64] Bruzzone L., D. F. Prieto. A minimum-cost thresholding technique for unsupervised change detection. International Journal of Remote Sensing, Vol. 21, No. 18, pp. 3539-3544, 2000.

[65] Flusser J., Suk T. . Pattern Recognition by Affine Moment Invariants. Pattern Recognition. Vol. 26, pp. 167-174, 2000.

[66] Heiner HILD, Norbert HAALA and Dieter FRITSCH, A STRATEGRY FOR AUTOMATIC IMAGE TO MAP REGISTRATION, International Archives of Photogrammetry and Remote Sensing. Part B2. Amsterdam, 2000.

[67] Mustafa Turker. Change detection using the integration of remote sensing and GIS: a polygon based approach. International Archives of Photogrammetry and Remote Sensing, Vol. XXXIII, Part B2, Amsterdam, 2000.

[68] M.-P. Dubuisson-Jolly, A. Gupta. Color and texture fusion: application to aerial image segmentation and GIS updating. Image and Vision Computing, Vol. 18, pp. 823-832, 2000.

[69] P. Montesinos, V. Gouet, R. Deriche, D. Pelé. Matching color uncalibrated images using differential invariants. Image and Vision Computing, Vol. 18, pp. 659-571, 2000.

[70] P. M. Atkinson, P. Lewis. Geostatistical classification for remote sensing: an introduction. Computers & Geosciences, Vol. 26, pp. 361-371, 2000.

[71] Reid R. S. , Kruska R. L. , Muthui N. , Taye A. , Wotton S. , Wilson C. J. and Mulatu W. . Land-use and land-cover dynamics in response to change in climatic, biological and socio-political forces: the case of southwestern Ethiopia. Landscape Ecology, 15, pp. 339-355, 2000.

[72] Stephan Winter. Location similarity of regions. ISPRS Journal of Photogrammetry & Remote Sensing. pp. 189-200, (55), 2000.

[73] Space Imaging, 2000, IKONOS, http: //www. spaceimaging. com/aboutus/satellites/IKONOS/ikonos. html. html.

[74] V. Vohra, I. J. Dowman. Automatic Registration of Images to Maps-the Archangel and Armies Systems. International Archives of Photogrammetry and Remote Sensing, Vol. XXXIII, Part B2, Amsterdam, 2000.

[75] Volker Walter. Automatic change detection in GIS databases based on classification of multispectral data. IAPRS, Vol. XXXIII, amsterdam. 2000.

[76] Verbyla D. L. and Boles S. H. . Bias in land cover change estimates due to misregistration. International Journal of Remote Sensing, 21, pp. 3553-3560, 2000.

[77] 肖斌, 赵鹏大, 侯景儒. 现代地质统计学的新进展. 世界地质, Vol. 18, No. 3, pp. 81-87, 1999. 9.

[78] Chandra Shekhar, Venu Govindu, Rama Chellappa. Multisensor image registration by feature consensus. Pattern Recognition, Vol. 32, pp. 39-52, 1999.

[79] Ebner H. , Eckstein W. , Heipke C. , Mayer H. . Automatic Extraction of GIS Objects from Digital Imagrey. International Archives of Photogrammetry and Remote Sensing, Vol. Part 3-2W5, pp. 8-10, Munich, Sptember, 1999.

[80] Förstner W. , Liedtke C. -E. , Bückner J. . Senantic Modeling for the Acquisition of Topographic Information from Images and Maps (SMATI'99), 7. Sept. Munich, Germany, 1999.

［81］Fan Hong, Zhang Jianqing, Zhang Zuxun and Liu Zhifang, House Change Detection Based on DSM of Aerial Image in Urban Area, GEO-SPATIAL INFORMATION SCIENCE, VOL. 2, NO. 1, 1999, pp. 68-72.

［82］Gülch E. , Mayer H. . PE&RS Special Issue-Image Understanding-Introduction, Vol. 65, 7, pp. 767, 1999.

［83］Heipke C. , Straub B. . Towards the automatic GIS update of vegetation areas from satellite imagery using digital landscape model as prior information. IAPRS, Vol. 32, Part3-2w5, München, Sept. 8-10, pp. 167-174, 1999.

［84］Heipke C. , Straub B. . Relations bwtween Multiscale Imagery and GIS Aggregation Level for the Automatic Extraction of Vegetation Areas. Proceedings, ISPRS Joint Workshop, Institute for Photogrammetry and Engineering Surveys, University of Hanover, Sept. 27-30, 1999.

［85］Hojholt P. , Grum J. . Revision of maps registrating only true changes. Proceedings of 19th International Cartographic Conference and 11th General Assembly of ICA, pp. 173-179, Ottawa, 1999.

［86］Kunz D. , Vögtle T. . Improved Land Use Classification by Means of a Digital Topographic Database and Integrated Knowledge Processing. Proceedings of the IEEE 1999 International Geoscience and Remote Sensing Symposium, Hamburg, 28 June-2 July, 1999。

［87］Lawrence R. L. and Ripple W. J. . Calculating change curves for multitemporal satellite imagery: Mount St. Helens 1980—1995. Remote Sensing of Environment, 67, pp. 309-319, 1999.

［88］Mayer H. . Automatic Object Extraction from Aerial Imagery - A Survey Focusing on Buildings. Computer Vision and Image Understanding, Vol. 74(2), pp. 138-149, 1999.

［89］Mas J. F. . Monitoring land-cover changes: A comparison of change detection techniq -ues. International Journal of Remote Sensing,

Vol. 20, No. 1, pp. 139-152, 1999.

[90] Richards J. A., Jia X.. Remote sensing digital image analysis. Springer, Berlin, 1999.

[91] Salami A. T., Ekanade O. and Oyinloye R. O.. Detection of forest reserve incursion in south-western Nigeria from a combination of multi-data aerial photographs and high resolution satellite imagery. International Journal of Remote Sensing, 20, pp. 1487-1497, 1999.

[92] Salami A. T.. Vegetation dynamics on the fringes of lowland humid tropical rainforest of south-western Nigeria - an assessment of environmental change with air photos and Landsat. International Journal of Remote Sensing, 20, pp. 1169-1181, 1999.

[93] Schiewe J.. An Adwanced Technique for Pixel-Base Multi-Sensor Data Integra -tion. Proceedings, ISPRS Joint Workshop, "Sensors and Mapping from Space 1999", 27-30 Sept., Institute for Photogrammetry and Engineering Surveys, University of Hanover, 1999.

[94] Smith M. J., Park D. W. G.. Towards a new approach for absolute and exterior orientation -n. Photogrammetric Record, 16 (94), pp. 617-623, 1999.

[95] Sohl T. L.. Change analysis in the United Arab Emirates: An investigation of technique -es. Photogrammetric Engineering and Remote Sensing, Vol. 65, No. 6, pp. 475-484, 1999.

[96] Vohra V.. Map-image registration using automatic extraction of features from high resolution satellite images. University of London, PhD thesis, 1999.

[97] Yang Z., Cohen F. S.. Cross-Weighted Moments and Affine Invariants for Image Registration and Matching. IEEE Trans. PAMI, Vol. 2(8), pp. 804-814, 1999.

[98] Zhang Jianqing, Zhang zhuxun, Fang zhen, Fang hong. Change detection from aerial images acquired in different duration. Geo-

spatial Information Science, Vol. 2, No. 1, pp. 16-20, Dec.
1999.

[99]史文中. 空间数据误差处理的理论与方法. 北京：科学出版
社, 1998.

[100]张祖勋, 张剑清, 廖明生, 张力. 遥感影像的高精度自动配
准. 武汉测绘科技大学学报, Vol. 23, No. 4, pp. 320-323,
1998. 12.

[101] Curtis E. Woodcock. The use of variograms in remote sensing：
II. real digital images. Remote Sensing of Environment, Vol. 25,
pp. 249-379, 1998.

[102] Curtis E. Woodcock. The use of variograms in remote sensing：I.
Scene models and simulated images. Remote Sensing of
Environment, Vol. 25, pp. 323-348, 1998.

[103] Dowman I. . Automatic Image Registration and Absolute
Orientation：Solutions and Problems. Photogrammetric Record.
Vol. 16(91), pp. 5-18, 1998.

[104] Dowman I. . Automated Procedures for Integration of Satellite
Images and Map Data for Change Detection：The ARCHGEL
Project. International Archives of Photogrammetry and Remote
Sensing on GIS-between Visions and Applications：32-B4,
pp. 162-169, Stuttgart：ifp, 1998.

[105] Elvidge C. D. , T. Miura, W. T. Jansen, et al. Monitoring trends
in wetland vegetation using a Landsat MSS time serie. In：Remote
Sensing change Detection：Environmental Monitoring Methods
and Applications. Ann Arbor Press, Chelsea, MI, 1998.

[106] Fiset R. , Cavayas F. , Mouchot M. -C. , Solaiman B. ,
Desiardins R. . Map-Image Matching Using Multi-Layer
Perceptron：the Case of Road Network. ISPRS Journal of
Photogrammetry and Remote Sensing, Vol. 53, No. 2, pp. 76-
84, 1998.

[107] Guindon B. . The Extraction of Planimetric Features from High

Resolutin Satellite Imagery Using Image Segmentation and Spatial-Based Reasoning. International Symposium, Geomatics in the Era of RADARSAT(GER'97), 1998.

[108] Hild H. , Fritsch D. . Integration of Vector Data and Satellite Imagery for Geocoding. ISPRS Comm. IV Symposium: GIS-Between Vision and Applications, Eds. D. Fritsch, M. Englich, M. Sester, Stuttgart, pp. 246-251, 1998.

[109] Johnson R. D. , E. S. Kasischke. Change vector analysis: a technique for the multispectral monitoring of land cover and condition. International Journal of Remote Sensing, Vol. 19, No. 3, pp. 411-426, 1998.

[110] Klang D.. Automatic Detection of Changes in Road Databases Using Satellite Imagery. Proceedings of International Archives of Photogrammetry and Remote Sensing, Vol. 32, pp. 293-298, 1998.

[111] Li X. , A. G. O. Yeh. Principal component analysis of stacked multi-temporal images for the monitoring of rapid urban expansion in the Pearl River Delta. International Journal of Remote Sensing, Vol. 19, No. 8, pp. 1501-1518, 1998.

[112] Lunetta R. S. , C. D. Elvidge. Remote Sensing Change Detection: Environmental Monitoring Methods and Applications. Ann Arbor Press, Chelsea, MI, 1998.

[113] Lyon J. G. , D. Yuan, R. S. Lunetta, et al. A change detection experiment using vegetation index. Photogrammetric Engineering and Remote Sensing, Vol. 64, No. 2, pp. 143-150, 1998.

[114] Macleod R. D. , Congalton R. G.. A quantitative comparison of change-detection algorithm for monitoring eelgrass from remote sensed data. Photogrammetric Engineering and Remote Sensing, Vol. 64, No. 3, pp. 207-216, 1998.

[115] Nielsen, A. A. , K. Conradsen, J. J. Simpson. Multivariate Alteration Detection (MAD) and MAF Postprocessing in

Multispectral, Bitemporal Image Data: New Approaches to Change Detection Studies. Remote Sensing of Environment, Vol. 64, No. 1, pp. 1-19, 1998.

[116] Patynen V.. Digital orthophotos and map revision in national land survey of Finland. International Archives of Photogrammetry and Remote Sensing on GIS between Visions and Applications: 32-B4, pp. 463-466, Stuttgart: ifp, 1998.

[117] Ridd M. K. , Jiajun Liu. A comparison of four algorithms for change detection in an urban environment. Remote Sensing of Environment, Vol. 65, No. 2, pp. 95-100, 1998.

[118] Robert Fiset, Francois Cavayas, Marie-Catherine Mouchot, et al. Map-image matching using a multi-layer perceptron: the case of the road network. ISPRS Journal of photogrammetry & Remote Sensing, Vol. 53, pp. 76-84, 1998.

[119] Sester M. , Hild H. , Fritsch D. . Definition of Ground-Control Features for Image Registration using GIS-Data. ISPRS Comm. III Symposium on Object Recognition and Scene Classification from Multispectral and Multisensor Pixels, IAPRS, Vol. 32/2, Eds. Schenk, T&Habib A. , Columbus/Ohio, USA, pp. 537-543, 1998.

[120] Steger C.. An Unbiased Detector of Curvilinear Structures. IEEE Transactions on Pattern Recognition, pp. 662-672, 1998.

[121] Sunar F.. An analysis of changes in a multi-data data set: a case study in the Ikitelli area, Istanbul, Turkey. International Journal of Remote Sensing, Vol. 19, No. 2, pp. 225-235, 1998.

[122] The C. -H. , Chin R. T.. On Image Analysis by the Method of moments. IEEE Trans. PAMI, Vol. 10(4), pp. 496-513, 1998.

[123] Xiaolong Dai and Siamak Khorrram. Requirements and Techniques for an Automated Change Detection System. Proceedings of IEEE International Geoscience and Remote Sensing Symposium, 1998, IGARSS'98, Vol. 6, pp. 2752-

2754, July, 1998.

[124] X. Zhan, C. Huang, J. Townshend, R. DeFries, M. Hansen. Land cover change detection with change vector in the red and near-infrared reflectance space. Proceedings of IEEE International Geoscience and Remote Sensing Symposium, 1998, IGARSS'98, Vol. 2, pp. 859-861, July, 1998.

[125] Ziou D. and Tabbone S.. Edge Detection Techniques- An Overview. Int. Journal of Pattern Recognition and Image Analyusis, Vol. 8, No. 4, pp. 537-559, 1998.

[126] 方针, 张剑清, 张祖勋. 基于城区航空影像的变化检测. 武汉测绘科技大学学报, 1997, Vol. 22(3), pp. 240-243.

[127] 黄华文, 常本义. 利用 GIS 遥感数据更新 GIS 的研究. 解放军测绘学院学报, 1997, Vol. 14(3), pp. 182-185.

[128] 林宗坚. 4D 产品及其应用. 测绘工程, Vol. 6, No. 3, pp. 1-5, 1997. 9.

[129] 孙家抦、舒宁, 关泽群. 遥感原理、方法和应用. 北京: 测绘出版社, 1997.

[130] 袁捷, 廖原, 胡正仪, 王延平. 缺省图像的特征模板匹配方法. 武汉大学学报(信息科学版), Vol. 43, No. 5, pp. 655-660, 1997. 10.

[131] Bruzzone, L., S. B. Serpico. An Iterative Technique for the Detection of Land-cover Transitions in Multitemporal Remote-sensing images. IEEE Transactions on Geoscience and Remote Sensing, 35(4): 858-867, 1997.

[132] Dowman I., Ruskoné R.. Extraction of Polygonal Features from Satellite Images for Automatic Registration. The ARCHANGEL Project, in: Automatic Exraction of Man Made Objects from Aerial andSpace Image, Birkhäuser Verlag, pp. 343-354, 1997.

[133] GrünA., Baltsavias E. P., Henricsson O. Automatic Extraction of Man-Made Objects from Aerial and Space Images (Ⅱ). Birkhäuser Verlag, Basel, 1997.

174

[134] Mas J. F.. Monitoring land-cover changes in the Terminos Lagoon Region, Mexico: a comparison of change detection techniques. Proceedings of the IV International Conference on Remote Sensing for Marine and Coastal Environments, Orlandao, FL, USA (Amsterdam: National Aerospace Laboratory), Vol. 1, pp. 159-167, 1997.

[135] Ruskone R., Downman I. J.. Segmentation Design for An Automatic Multisource Registration. SPIE 11th Annual International Symposium on Aerospace/Defens Sensing, Simulation and Controls, Aerosense'97, Orlando, 20-25 April, 1997.

[136] Rafael Wiemker, Anja Speck, Daniel Kulbach, et al. Unsupervised robust change detection on multispectral imagery using spectral and spatial features. The international archives of airborne remote sensing conference and exhibition, Copenhagen, Denmark, 7-10, July, 1997.

[137] Steven A. Israel, Roger A. Carman, Michael R. Helfert, Michael J. Duggin. Image registration issues for change detection studies. Proceedings of GeoComputation'97 & SIRC'97, pp. 15-19.

[138] Turker M.. Polygon Based Image Analysis within an Integrated GIS/RS Environment, Ph. D. thesis, Department of Geodesy and Geomatics Engineering, University of New Brunswick, Canada, 1997.

[139] WEISMILLER R A. Change Detection in Coastal Zone Environments. Photogrammetric Engineering and Remote Sensing, (43): 1533~1539, 1997.

[140] Collins J. B., C. E. Woodcock. An assessment of several linear change detection techniques for mapping forest mortality using multitemporal Landsat TM data. Remote Sensing of Environment, Vol. 56, No. 1, pp. 66-77, 1996.

[141] Dowman I. J., Mordado A., Vohra V.. Automatic registration of

175

images with maps using polygonal features. In: Kraus and Waldhäusl, pp. 111-119, part B3, 1996.

[142] Fonseca L. M. G. , Manjunath. Registration Techniques for Multisensor Remotely Sensed Imagery. Photogrammetric Engineering & Remote Sensing. Vol. 62(9), pp. 1049-1056, 1996.

[143] Lindeberg T.. Scale-Space: A framework for handing image structures at multiple scale. Proc. CERN School of Computing, The Netherlands, 8-21 Sep. 1996. http://www.nada.kth.se/~tony/cern-review/cern-html/cern-html. html.

[144] Lloyd Pilgrim. Robust estimation applied to surface matching. ISPRS Journal of Photogrammetry & Remote Sensing. pp. 243-257, (51), 1996.

[145] Mouat D. A. and Landcaster J.. Use of remote sensing and GIS to identify vegetation change in the upper San Pedro river watershed, Arizona. Geocarto International, 11, pp. 55-67, 1996.

[146] Deer P. J.. Digital change detection techniques: civilian and military applicat -ions. International Symposium on Spectral Sensing Research 1995 Report. http://ltpwww.gsfc.nasa.gov/ISSSR-95/digitalc.html.

[147] Gougeoun F. A.. A-Crown-Following Approach to the Automatic Delineation of Individual Tree Crowns in High Spatial Resolution Aerial Images. Canadian Journal of Remote Sensing, Vol. 21, No. 3, pp. 274-284, 1995.

[148] Holm M. , Parmes E. , Andersson K. , Vuorela A. . A nationwide automatic satellite image registration system. SPIE Aerosense'95-Conference on Integrating Photogrammetric Techniques with Scene Analysis & Machine Vision II, Orlando, Florida, USA, pp. 156-167, 1995.

[149] Peter J. Deer. Digital change detection techniques: civilian and military applications. International Symposium on Spectral

Sensing Research 1995 Report (Greenbelt, MD: Goddard Space Flight Center), http://ltpwww.gsfc.nasa.gov/isssr-95/digitalc.htm, 1995.

[150] Powowar J. M., E. F. LeDrew. Hypertemporal analysis of remotely sensed sea ice data for climate change studies. Progress in Physical Geography, Vol. 19, No. 2, pp. 216-242, 1995.

[151] Abbasi-Dezfouli M., Freeman T.. Patch Matching in Stereo-Images Based on Shape, in: Spatial Information from Digital Photogrammetry and Computer Vision, Eds. H. Ebner, C. Heipke, K. Eder, München, pp. 1-8, 1994.

[152] Coppin P. R., M. E. Bauer.. Processing of multitemporal Landsat TM imagery to optimize extraction of forest cover change features. IEEE Transactions on Geoscience and Remote Sensing, Vol. 32, No. 4, pp. 918-927, 1994.

[153] Lindberg T.. Scale-Space Theory in Computer Vision. Kluwer Academic Publishers, Boston USA, 1994.

[154] Lambin E. F., A. H. Strahler. Change vector analysis in multispectral space: A tool to detect and categorize land cover change processes using high temporal resolution satellite data. Remote Sensing of Environment, Vol. 48, No. 2, pp. 231-244, 1994.

[155] Muchoney D. M., D. N. Haack. Change detection for monitoring forest defoliation -n. Photogrammetric Engineering and Remote Sensing, Vol. 60, No. 10, pp. 1243-1251, 1994.

[156] Newtom W., Gurney C., Sloggett D., Dowman I.. An approach to automated identification of forests and forest change in remotely sensed images. International Archives of photogrammetry and remote sensing, 30(3/2), pp. 607-614, 1994.

[157] Chen C.-C.. Improved Moment Invariants for Shape Discrimination. Pattern Recognition. Vol. 26(5), pp. 683-686, 1993.

[158] Eklundt L., A. Singh. A comparative analysis of standardized and

unstandardized principal components analysis in remote
sensing. International Journal of Remote Sensing, Vol. 14,
No. 7, pp. 1359-1370, 1993.

[159] Gong P.. Change detection using principal component analysis
and fuzzy set theory. Canadian Journal of Remote sensing,
Vol. 19, No. 1, pp. 22-29, 1993.

[160] Henebry G. M.. Detecting change in grasslands using measures of
spatial dependence with Landsat TM data. Remote Sensing of
Environment, 46, pp. 223-234, 1993.

[161] Michalek J. L. , T. W. Wagner, J. J. Luczkovich, et al. Multis-
pectral change vector analysis for monitoring coastal marine
environments. Photogrammetric Engineering and Remote Sensing,
Vol. 59, No. 3, pp. 381-384, 1993.

[162] Mouat D. A. , G. G. Mahin, J. Lancaster. Remote sensing
techniques in the analysis of change detection. Geocarto
International, Vol. 8, No. 2, pp. 39-50, 1993.

[163] Rignot E. J. M. , J. J. Van Zyl. Change detection techniques for
ERS-1 SAR data. IEEE Transactions on Geoscience and Remote
Sensing, Vol. 31, No. 4, pp. 896-906, 1993.

[164] Singer M. H.. A General Approach to Moment Calculation for
Polygons and Line Segments. Pattern Recognition, Vol. 26 (7),
pp. 1019-1028, 1993.

[165] Schenk T. , C. Toth. Use of object space matching for feature
extraction in multiple aerial images. SPIE Proceedings, Vol.
1944, pp. 58-67, 1993.

[166] Toth C. , T. Schenk. Multiple Image Matching in an Automatic
Aerotriangulation System. Proceedings, 5th Intern. Conference
Computer Analysis of Images and Patterns, Budapest, Hungary,
pp. 750-758, 1993.

[167] Villasenor J. D. , D. R. Fatland, L. D. Hinzman. Change
detection on Alaska's north slope using repeat-pass ERS-1 SAR

images. IEEE Transactions on Geoscience and Remote Sensing, Vol. 31, No. 1, pp. 227-236, 1993.

[168] Wang Fang-ju. A knowledge-based vision system for detecting land changes at urban fringes. IEEE Transactions on Geoscience and Remote Sensing, Vol. 31, No. 1, pp. 136-145, 1993.

[169] Besl P. J., McKay P. J.. A method for registration of 3-D shapes. IEEE Trans. on Pattern Anal. & Machine Intell., Vol. 14, No. 2, pp. 239-256, 1992.

[170] Haala N., Vosselman G.. Recognition of road and river patterns by relational matching. In: Fritz and Lucas, pp. 969-975, part B3, 1992.

[171] Leckie D. J., M. D. Gillis, S. P. Joyce. A forest monitoring system based on satellite imagery. Proceedings of Canadian Symposium on Remote Sensing, Toronto, Ont., pp. 85-90, 1992.

[172] Lisa Gottesfeld Brown. A survey of image registration techniques. ACM Computing Surveys, Vol. 24, No. 4, pp. 325-376, Dece., 1992.

[173] Suetens P., Fua P., Hanson A. J.., Computational Strategies for Object Recognition. ACM Computing Surveys, Vol. 24, No. 1, pp. 5-60, 1992.

[174] Townshend J. R. G, C. O. Justice, C. Gurney. The impact of misregistration on change detection. IEEE Transactions on Geoscience and Remote Sensing, Vol. 30, No. 5, pp. 1054-1060, 1992.

[175] 陈晓勇. 数学形态学与影像分析. 北京：测绘出版社, 1991.

[176] Schenk T., J. C. Li, C. Toth. Towards an autonomous system for orienting digital stereopairs. Photogrammetric Engineering and Remote Sensing, Vol. 57, No. 8, pp. 1057-1064, 1991.

[177] Zong J., T. Schenk, J. Li. Application of Forstner Interest Operator in Automatic Orientation System. Proceedings ASPRS/

ACSM Annual Convention, Vol. 5, pp. 440-448, 1991.

[178] Arbter K., Snyder W. E., Hirzinger H., Burkhardt G.. Application of affine-invariant Fourier descriptors to recognition of 3-D objects. IEEE Trans. on Pattern Anal. & Machine Intell., Vol. 12, No. 7, pp. 640-647, 1990.

[179] Fua P., Leclerc Y. G.. Model Driven Edge Detection. Machine Vision and Application, Vol. 3, pp. 45-56, 1990.

[180] Fung T.. An assessment of TM imagery for land-cover change detection. IEEE Transactions on Geoscience and Remote Sensing, Vol. 28, No. 4, pp. 681-692, 1990.

[181] Grimson W. E. L.. Object Recognition by Computer: The Role of Geometric Constraints. MIT Press, Cambridge, Mass, 1990.

[182] Stenback J. M. and R. G. Congalton. Using Tematic Mapper Imagery to Examine Understory. Photogrammetric Engineering and Remote Sensing, 56(9), pp. 1285-1290, 1990.

[183] Singh A.. Digital change detection techniques using remotely sensed data. International Journal of Remote Sensing, Vol. 10, No. 6, pp. 989-1003, 1989.

[184] 王仁铎, 胡光道. 线性地质统计学. 北京: 地质出版社, 1988.

[185] 杨凯, 孙家抦, 卢健, 蓝云超, 林开愚. 遥感图像处理原理和方法. 北京: 测绘出版社, 1988.

[186] Fung T., E. LeDrew. The determination of optimal threshold levels for change detection using various accuracy indices. Photogrammetric Engineering and Remote Sensing, Vol. 54, No. 10, pp. 1149-1454, 1988.

[187] Kass M., Witkin A., Terzopoulos D.. Snakes: Active Contour Models. The International Journal of Computer Vision, Vol. 1, No. 4, pp. 321-331, 1988.

[188] Mile A. K.. Change detection analysis using Landsat imagery: A Review of Methodology. Proc. Of the 1988 Int. Geoscience and

Remote Sensing Symposium(IGARSS 88), pp. 541-544, 1988.

[189] Fung T. , E. LeDrew. Applicaion of principal components analysis to change detection. Photogrammetric Engineering and Remote Sensing, Vol. 53, No. 12, pp. 1649-1658, 1987.

[190] Slater P. N. , S. F. Biggar, R. G. Holm, et al. Reflectance and radiance based methods for the in-flight absolute calibration of multispectral sensors. Remote Sensing of Environment, Vol. 22, No. 1, pp. 11-37, 1987.

[191] Singh A.. Change detection in the tropical forest environment of North-eastern India using Landsat. Remote Sensing and Tropical Land Management. John Wiley and Sons Ltd. , New York, pp. 237-254, 1986.

[192] Abu-Mostafa Y. , Psaltis D.. Recognitive Aspects of moment invariants. IEEE Trans. PAMI. Vol. 6, pp. 698-706, 1984.

[193] Singh A.. Tropical forest monitoring using digital Landsat data in northeaster India. Ph. D. thesis, University of Reading, Reading, Englang, 1984.

[194] Nelson R. F.. Detecting foret canopy change due to insect activity using Landsat MSS. Photogrammetric Engineering and Remote Sensing, Vol. 49, pp. 1303-1314, 1983.

[195] Richardson A. J. and Milne A. K.. Mpaping fore burns and vegetation regeneration using principal components analysis. Proceedings of IGARSS'83 held in San Francisco (New York: IEEE), pp. 51-56, 1983.

[196] Estes J. E. , Stow D. and Jenson J. R.. Monitoring land use and land cover changes. In Remote Sensing for Resource Management, edited by C. J. Johannsen and J. L. Sanders (Iowa: Soil Conservation Society of America), pp. 100-110, 1982.

[197] Jensin J R, Toll D L. Detecting Residential Land Use Development at the Urban Fringe. Photogrammetric Engineering and Remote Sensing, 1982, (48): 629~643.

[198] Levine M. D. , Shaheen S. I. . A Modular Computer Vision System for Picture Segmentation and Interpretation. IEEE Trans. PAMI, Vol. 3(5), pp. 540-556, 1981.

[199] Byrne G. F. , Crapper P. F. and Mayo K. K. . Monitoring land cover change by principal component analysis of multitemporal Landsat data. Remote Sensing of Environment, 10, pp. 175-184, 1980.

[200] Malila W. A. Change vector analysis: an approach for detecting forest changes with Landsat. Proceedings, LARS Machine Processing of Remotely Sensed Data Symposium, W. Lafayette, in: Laboratory for the Application of Remote Sensing, pp. 326-336, 1980.

[201] Stow D. A. , Tinnery L. R. , Estes J. E. . Deriving land use/land cover change statistics from Landsat: A study of prime agricultural land. Proceedings of the 14th International Symposium on Remote Sensing of Environment held in Ann Arbor in 1980, pp. 1127-1237, 1980.

[202] Lillesand T. M, R. W. Keifer. Remote Sensing and Image Interpretation, 2nd Edition. John Wiley&Sons, 1979.

[203] Tversky, A. . Features of similarity. Psychol. Rev. pp. 327-352. 84(4), 1977.

[204] Todd W. J. . Urban and regional land use change detected by using Landsat data. U. S. Geological Survey Research Journal, 5: 529-534, 1977.

[205] Weismiller R. A. , S. J. Kristof, D. K. Scholz, et al. Change detection on coastal zone environment. Photogrammetric Engineering and Remote Sensing, 43, 1977.

[206] Masry S. E. , B. G. Crawley, W. H. Hilborn. Difference detection. Photogrammetric Engineering and Remote Sensing, Vol. 41, No. 9, pp. 1145-1148, 1975.

[207] Lillestrand, R. L. . Techniques for change detection. IEEE

Transactions on Computers, Vol. C-21, No. 7, pp. 654-659, July 1972.

[208] Hardy R. L.. Multiquadratic equations of topography and other irregular surfaces. Journal of Geophysical Research, Vol. 76, pp. 1905-1915, 1971.

[209] Shepard, J. R.. A concept of change detection. Photogrammetric Engineering, Vol. 30, pp. 648-651, 1964.

[210] Hu M. K.. Visual pattern recognition by moment invariants. IEEE Transactions on Information Theory, Vol. 8, pp. 179-187, 1962.

[211] Rosenfeld, A.. Automatic detection of changes in reconnaissance data. Proc. 5th Conv. Mil. Electron., pp. 492-499, 1961.

[212] Lynne Christel, Carolyn Groessl, Peter Krawczak. Changes in the coverage and distribution of open space in the greater Tucson metropolitan area.

[213] Rafael Wiemker. An Iterative Spectral-Spatial Bayesian Labeling Approach for Unsupervised Robust Change Detection on Remotely Sensed Multispectral Imagery. http: //www. informatik. uni-hamburg. de/projects/censis. html.

[214] http: //www. cast. uark. edu/local/brandon_ thesis/chapter_ IV_ change. html.

[215] http: //www. spatial. maine. edu/~peggy/peggy. html.

[216] http: //www. digitalglobe. com.

[217] 杜凤兰, 田庆久, 夏学齐, 惠凤鸣. 面向对象的地物分类法分析与评价. 遥感技术与应用 19, No. 1 (2004).

[218] http: //en. wikipedia. org/wiki/Ikonos.

[219] http: //en. wikipedia. org/wiki/QuickBird.

[220] R. Qin, "An Object-Based Hierarchical Method for Change Detection Using Unmanned Aerial Vehicle Images," Remote Sensing, Vol. 6, No. 9, pp. 7911-7932, Aug. 2014.

[221] Fisher, P., 1997. The pixel: a snare and a delusion. International Journal of Remote Sensing 18, 679-685.

[222] DAI, X. and KHORRAM, S., 1998, The effects of image misregistration on the accuracy of remotely sensed change detection. IEEE Transactions on Geoscience and Remote Sensing, 36, pp. 1566-1577.

[223] Pu, R., Gong, P., Tian, Y., Miao, X., Carruthers, R. I., Anderson, G. L., 2008. Using classification and NDVI differencing methods for monitoring sparse vegetation coverage: a case study of saltcedar in Nevada, USA. International Jurnal of Remote Sensing 29, 3987-4011.

[224] Chen Gang, Geoffrey J. Hay, Luis M. T. Carvalho, Michael A. Wulder. Object-Based Change Detection. International Journal of Remote Sensing 33, No. 14 (2012): 4434-4457.

[225] JENSEN, J. R., 2005, Introductory Digital Image Processing, 3rd ed. (Upper Saddle River, NJ: Pearson Prentice Hall).

[226] Bontemps, S., Bogaert, P., Titeux, N., Defourny, P., 2008. An object-based change detection method accounting for temporal dependences in time series with medium to coarse spatial resolution. Remote Sensing of Environment 112, 3181-3191.

[227] 崔卫红. 基于图论的面向对象的高分辨率影像分割方法研究. 武汉大学, 2010.

[228] Walter, Volker. Object-Based Classification of Remote Sensing Data for Change Detection. ISPRS Journal of Photogrammetry and Remote Sensing 58, No. 3-4 (2004): 225-238.

[229] M. Hussain, D. Chen, A. Cheng, H. Wei, and D. Stanley, "Change detection from remotely sensed images: From pixel-based to object-based approaches," ISPRS Journal of Photogrammetry and Remote Sensing, Vol. 80, pp. 91-106, Jun. 2013.

[230] 舒宁, 马洪超, 孙和利. 模式识别的理论与方法. 武汉: 武汉大学出版社. 2004.

[231] R. Achanta, A. Shaji, K. Smith, A. Lucchi, P. Fua, and S.

Suesstrunk, "SLIC Superpixels Compared to State-of-the-Art Superpixel Methods," IEEE TRANSACTIONS ON PATTERN ANALYSIS AND MACHINE IN ^{TEL} LIGENCE, Vol. 34, No. 11, pp. 2274-2281, Nov. 2012.

[232] Chan, Tony F., Luminita A. Vese. Active Contours without Edges. Image Processing, IEEE Transactions on 10, No. 2 (2001): 266-277.

[233] Getreuer, Pascal. Chan-Vese Segmentation. Image.

[234] Kass, M.; Witkin, A.; Terzopoulos, D. (1988). "Snakes: Active contour models". International Journal of Computer Vision 1 (4): 321. doi: 10. 1007/BF00133570.

[235] Trimble eCognition Developer 8. 7 User Guide, Trimble, 2011.

[236] ENVI-IDL 系列产品白皮书, ESRI China, 2010.

[237] 林小平, 毛政元, 刘建华. 纹理特征遥感影像分割研究. 测绘科学, No. 05(2010): 31-34.

[238] 孙家抦. 遥感原理与应用(第二版). 武汉: 武汉大学出版社, 2009.

[239] 边肇祺, 张学工. 模式识别(第二版). 北京: 清华大学出版社. 2000.

[240] 李蓉, 叶世伟, 史忠植. Svm-Knn 分类器———一种提高 Svm 分类精度的新方法. 电子学报, No. 05, 2002: 745-748.

[241] Stow, D., 010. Geographic object-based image change analysis. In: Fischer, M. M., Getis, A. (Eds.), Handbook of Applied Spatial Analysis. Springer, Berlin Heidelberg, 565-582.